Google Workspaceではじめる

ノーコード開発[活用]入門

AppSheetによる
現場で使えるアプリ開発と自動化

守屋利之

監修：辻浩一、宮井拓也
（Vendola Solutions LLC）

JN016711

技術評論社

はじめに

　筆者はシステム開発者として40年近くたくさんのプログラムを書いてきました。アセンブラから始まって、C言語、Java、PHP、HTML、CSS、JavaScript、そしてCakePHPやLaravelなどのフレームワーク、さらにjQuery、Bootstrapなど、たくさんのツールを駆使してさまざまな業務アプリケーションの開発に携わりました。オープンソースのプロジェクト管理ツールRedmineをバリバリにカスタマイズして、何種類もの業務アプリを提供してきた経験もあります。

社内に転がる"なんちゃってシステム"

　プログラミングによる開発は、フレームワークやツールの発展によってどんどん楽になりましたが、システム開発にはまだまだプログラミングに関する専門的な知識と経験が必要で、多くの開発費用や期間も必要です。筆者は事業会社の情報システム部門に在籍していたため、ユーザーから多種多様な業務アプリケーションの開発依頼がありましたが、情報システム部門はどうしても本業に直結する基幹システムの開発に注力する必要があり、バックオフィスの小さなシステムまでは手が回りません。

　そこでユーザーは仕方なくExcelやAccessを使って"なんちゃってシステム"を作り、社内にバラバラに存在することになります。そして作成者が退職してしまってメンテナンスできなくなって困っている場面を多く見てきました。

AppSheetとの出会い

　そんな折、何やらノーコードでアプリを開発できるツールがあると聞いたとき、ある意味半信半疑でした。どうせいろいろな制限があって、決まりきったアプリしか作れないであろうと高を括っていたのです。そこで出会ったのが「AppSheet」でした。さっそく勉強を始めてみたのですが、今まで出会ったことのない開発環境に驚くとともに、とてつもない可能性を感じたのです。

　これなら社内に乱立していた"なんちゃってシステム"をきちんと統一できる
　プログラミングの専門知識を持った開発者も必要ない
　ちょっとしたExcelの知識があるユーザーなら短期間で習得できる

そう直感しました。しかも

モバイル特有のQRコードやマップ、GPS位置情報なども扱える

Google Workspace内でプログラムの管理もきちんとできる

これはすごいぞ！ それから約2週間、AppSheetに関する情報を調べまくり、自分でもいくつかのサンプルアプリを作ってみました。開発してプロトタイプを動かすだけなら無料で使えるのも大きな魅力です。直感は確かでした。

ただし、ノーコードと言ってもまったくコードを書かないわけではありません。IF THEN ELSE的な文法やSQLに似たデータ制御式、関数などもあります。しかし、一般的な開発言語を覚えるのに比べれば遥かに少なくシンプルで、Excelの関数を理解できる程度の知識で十分扱えるものです。あらかじめ準備したスプレッドシートをAppSheetに読み込ませれば、必要だと思われる画面や動作をAppSheetが勝手に用意してくれるので、最初のうちは逆に戸惑いましたが、その性質がわかってくると、アプリ開発がどんどん楽しくなります。

本書のサンプルアプリ

本書ではAppSheetによる開発の楽しさと可能性を知っていただくために、3つのサンプル（「社員名簿アプリ」「カンバン式問い合わせ管理アプリ」「休暇申請アプリ」）を用意しました。本書のとおりに環境を準備して進めていただければ比較的簡単に作れます。少し手を加えればそのまま業務で本番利用できるかもしれません。ぜひ、実際に試していただき、AppSheetの素晴らしさを存分に体感していただければ幸甚です。

なお、執筆にあたりGoogleパートナー会社であり、AppSheetに関する知識と経験では群を抜くVendola Solutions LLCの辻浩一様、宮井拓也様には全面的な技術協力とコラム記事を担当していただきました。編集者である取口敏憲氏からは執筆に関して多くの助言をいただきました。この場をお借りしてお礼申し上げます。

2021年12月

守屋利之

監修者のことば

　ノーコード開発という言葉が頻繁に聞かれるようになって久しいですが、ローコード開発とノーコード開発が混同して利用されているケースが多くあります。ノーコード開発とはアプリ開発にプログラム言語が一切必要とされないものですが、成果物として得られるツールの機能は限定的で、ベーシックな機能だけが実装されたものしか作れないといった認識を持っている方もいることでしょう。

　AppSheetに限っては完全に誤った認識と言えます。実際に使いこなしてみると、ビジネスニーズやロジックに忠実に応えてくれるエンタープライズレベルの高度なアプリを簡単に、かつノーコードで作成できる夢のようなツールであることがご理解いただけるはずです。

　ただしAppSheetに一歩足を踏み入れると、プログラミングに引けを取らない奥深さと広がりを持った世界を目の当たりにされるでしょう。アプリを実用レベルで使いやすく便利なものとするためのロジックや機能を実装させるためには、AppSheetの作法や操作を理解するための学習が必要です。

　まずは、本書で取り上げるサンプルアプリをご自身の手で作成してみてください。読み終える頃には、多くの作法や操作を会得できるはずです。もちろんAppSheetの世界はさらに広いです。本書がAppSheetに関するさらなる知識の習得に向けた「やる気」を助長させていただける存在となれば幸いです。

　今回は、AppSheetの素晴らしさをより多くの方々に伝え、ビジネスパーソンが日々抱える課題の解決へ向けてAppSheetを有効に活用してもらいたいとの想いから、監修者として参画しました。著者の守屋利之様、技術評論社の取口敏憲様をはじめ、関係者のみなさまへの感謝の気持ちをこの場を借りて伝えさせていただきます。

2021年12月

Vendola Solutions LLC

辻浩一

本書の利用方法

本書での記載方法

サンプルアプリの開発過程を説明する際、次のように記載しています。

- 設定する機能など……すみ付き括弧（例：【View】や【Slice】など）
- 画面の項目やボタンの名称など……角括弧（例：[Type]や[Save]など）

なお、続けて選択する場合は矢印（⇒）でつなぎ、「[My Drive]⇒[AppSheet-Studio]」のように記載しています。

本書のサポートページ

本書のサポートページでは正誤表のほか、サンプルアプリ開発で利用するデータや画像データをダウンロードできます。

- 本書サポートページ
  URL https://gihyo.jp/book/2022/978-4-297-12574-5/support

サンプルデータや画像データの利用方法は各章で説明しています。

> 本書で作成したアプリの完成版をそのまま自分の環境にコピーしてカスタマイズできる「AppSheetポートフォリオ」と呼ばれるサイトも用意しました。本書サポートページ内にリンクを記載しているので、自身の作成したアプリがうまく動作しない場合などに、完成版をコピーして設定などを比較するなどご活用ください。

本書で作成するアプリ

本書ではAppSheetのノーコード開発の世界を、サンプルアプリケーションを実際に作成しながら（みなさんにも手を動かしていただきながら）進めていきます。具体的には次のようなアプリを作成します。

- 社員名簿アプリ……Chaper 3〜4
  スプレッドシートに保存した社員情報を閲覧／管理するシンプルなアプリです。電話番号情報から標準機能の電話発信のアクションを実装させたり、テー

ブルやカラムの基本的な設定方法の学習から始まり、アプリ利用者ごとにアクセスできる情報の動的な変更や制限の設定なども学習します。

○社員名簿アプリの画面例

- カンバン式問い合わせ管理アプリ……
Chapter 5〜7
Googleフォームと連携して動作する問合せ管理アプリです。顧客の問い合わせの窓口としてGoogleフォームを利用し、問い合わせに対する社内担当者のフォローアップ業務を効率的に支援します。複数の問い合わせをステータスごとにグルーピングして表示し、検索と操作性を高めた「カンバン式」のダッシュボードを作成し、ユーザーの利便性を高めたものに仕上げます。

- 休暇申請アプリ……Chapter 8〜10
社内での利用を想定した休暇申請アプリです。アプリの利用者を申請者／承認者／アプリ管理者に区分し、それぞれの利用者がアプリ内で実行できるデータ変更の権限をコントロールします。アプリ内で承認フローを実装し、休暇申請から上席による承認までの手順を1つのアプリ内で行います。また、AppSheetのAutomation（BOT）を利用して、新規の申請や承認が行われた瞬間に自動的に対象者にメール通知を配信させる高機能なアプリを開発します。

なお、Chapter 3〜4で作成する「社員名簿アプリ」の「社員名簿データ」はChaper 5以降でも利用します。そのため、「カンバン式問い合わせ管理アプリ」や「休暇申請アプリ」を作成する場合も、先にChapter 3〜4で「社員名簿アプリ」を作成してください。

◯カンバン式問い合わせ管理アプリの画面例

◯休暇申請アプリの画面例

本書の監修者が所属する Vendola Solutions LLC は AppSheet 社の黎明期からのパートナー企業で、AppSheet を利用したソリューションを提供し、AppSheet の普及活動も日々続けています。その活動の一環として、2021年からオンラインラーニングサイト「AppSheet DOJO」（**URL** https://www.appsheetdojo.com/）を運営しているので、併せてご利用ください。

目次

はじめに　3
監修者のことば　5
本書の利用方法　6

Chapter **1**

Google AppSheetの基本＆ Workspaceとの連携を押えよう 17

AppSheetの仕組みと利用するイメージ

1-1 Google Workspaceとは 18
1-2 AppSheetとは 18
　　　　AppSheetの特徴 19
　　　　AppSheetの利用料金 19

1-3 AppSheetの仕組み 20
1-4 Google Workspaceとの連携 22
　　　　スプレッドシート 22
　　　　ドライブ 22
　　　　フォーム 23
　　　　ドキュメント 23
　　　　Gmail 24
　　　　カレンダー／Google Meet 24
　　　　グループ 24
　　　　Google Chat 25
　　　　サイト 25
　　　　Google Apps Script 25
　　　　Cloud Search 25
　　Column　AppSheet有償ライセンスのプラン 26

Chapter 2

AppSheetアプリ開発の環境を準備しよう ················ 29
Google アカウントで AppSheet にサインイン

2-1 Google アカウント(Gmail)を作成する ··············· 30
2-2 AppSheetにサインインする ····························· 30
Column　Expression の入力・記載時の注意事項 ················ 34

Chapter 3

[社員名簿アプリ①]開発の流れを理解しよう ············ 35
データを準備してアプリを自動生成

3-1　データを準備する ····································· 36
社員名簿データの内容 ································· 36
サポートページからデータをタウンロード ··············· 37
Excel ファイルを Google スプレッドシートに変換 ·········· 38
データの確認 ··· 38
3-2　AppSheetにスプレッドシートを読み込む ·········· 40
アプリ名とカテゴリの指定 ··························· 40
データの選択 ··· 42
アプリのひな形を作成 ································· 43
3-3　AppSheet開発ツール(AppSheet Editor) ·········· 44
AppShoot Editor の画面構成 ························· 45
3-4　AppSheetが自動作成したアプリを見てみる ········· 47
社員情報の表示 ····································· 49
社員情報の編集 ····································· 49
社員情報の追加 ····································· 51
Column　Google スプレッドシートの制限 ················· 52

Chapter 4

[社員名簿アプリ②]アプリを完成させよう ··············· 53
テーブル／View／Action を設定してスマホで動作確認

4-1　社員名簿アプリの要件定義 ····················· 54

4-2 テーブルを操作する ──────────────────── 54

社員名簿テーブルの設定 ──────────────── 55

カラムの設定 ─────────────────── 57

4-3 Viewを操作する ──────────────────── 70

View Type ─────────────────── 71

View Option ────────────────── 71

プレビューで確認 ────────────────── 74

プレビューでユーザーの切り替え ─────────── 75

4-4 Actionを操作する ──────────────────── 78

Addアクション ────────────────── 79

DeleteアクションとEditアクション ────────── 81

プレビューで確認 ────────────────── 82

4-5 スマホでアプリを動かしてみる ──────────── 83

開発したアプリのシェア ────────────── 83

スマホ環境でのアプリ画面 ─────────────── 86

4-6 アイコン(ロゴ)とアプリ名を変更する ───────── 89

アイコン(ロゴ)の変更 ───────────── 89

アプリ名の変更 ─────────────────── 91

アプリの上部にロゴとアプリ名を表示 ─────────── 92

スマホで確認 ─────────────────── 93

Column デプロイするとどうなるのか？ ──────────── 95

Chapter 5

[カンバン式問い合わせ管理アプリ①] データを準備しよう ──────── 97

アプリの要件とGoogleフォームの作成

5-1 アプリのイメージを理解する ───────────── 98

システム構成 ─────────────────── 98

問い合わせの入口は「Googleフォーム」 ─────────── 98

カンバン式とは ─────────────────── 99

5-2 Googleフォームで問い合わせ受付フォームを作る ───── 100

Googleフォームを新規作成 ──────────── 101

作成されたスプレッドシート ──────────── 103

問い合わせフォームの動作確認 ─────────── 104

5-3 AppSheetアプリ用のデータを準備する ⋯⋯⋯⋯⋯⋯⋯⋯ 106
　　　問い合わせシートにカラムを追加 ⋯⋯⋯⋯⋯⋯⋯⋯⋯⋯⋯ 106
　　　対応内容シートを追加作成 ⋯⋯⋯⋯⋯⋯⋯⋯⋯⋯⋯⋯⋯⋯ 107

5-4 AppSheetからスプレッドシートを読み込む ⋯⋯⋯⋯⋯ 108
　　　スプレッドシートからAppSheetを起動 ⋯⋯⋯⋯⋯⋯⋯⋯ 108
　　　スプレッドシートの読み込み ⋯⋯⋯⋯⋯⋯⋯⋯⋯⋯⋯⋯⋯ 109

Column　カラムを追加したらリジェネレートする ⋯⋯⋯⋯⋯⋯⋯ 113

Chapter **6**

［カンバン式問い合わせ管理アプリ②］
細かく設定していこう ⋯⋯⋯⋯⋯⋯⋯⋯⋯ 115

テーブルのカスタマイズとAction／Sliceの作成

6-1 社員名簿テーブル ⋯⋯⋯⋯⋯⋯⋯⋯⋯⋯⋯⋯⋯⋯⋯⋯⋯⋯ 116

6-2 問い合わせテーブル ⋯⋯⋯⋯⋯⋯⋯⋯⋯⋯⋯⋯⋯⋯⋯⋯ 117
　　　①タイムスタンプ ⋯⋯⋯⋯⋯⋯⋯⋯⋯⋯⋯⋯⋯⋯⋯⋯⋯⋯ 117
　　　②対象商品 ⋯⋯⋯⋯⋯⋯⋯⋯⋯⋯⋯⋯⋯⋯⋯⋯⋯⋯⋯⋯ 117
　　　③お問い合わせの種類 ⋯⋯⋯⋯⋯⋯⋯⋯⋯⋯⋯⋯⋯⋯⋯⋯ 119
　　　④お名前 ⋯⋯⋯⋯⋯⋯⋯⋯⋯⋯⋯⋯⋯⋯⋯⋯⋯⋯⋯⋯⋯ 120
　　　⑤お問い合わせ内容詳細 ⋯⋯⋯⋯⋯⋯⋯⋯⋯⋯⋯⋯⋯⋯⋯ 120
　　　⑥お電話番号 ⋯⋯⋯⋯⋯⋯⋯⋯⋯⋯⋯⋯⋯⋯⋯⋯⋯⋯⋯ 120
　　　⑦ご住所 ⋯⋯⋯⋯⋯⋯⋯⋯⋯⋯⋯⋯⋯⋯⋯⋯⋯⋯⋯⋯⋯ 120
　　　⑧ご希望の連絡方法 ⋯⋯⋯⋯⋯⋯⋯⋯⋯⋯⋯⋯⋯⋯⋯⋯ 121
　　　⑨ステータス ⋯⋯⋯⋯⋯⋯⋯⋯⋯⋯⋯⋯⋯⋯⋯⋯⋯⋯⋯ 122
　　　⑩担当者 ⋯⋯⋯⋯⋯⋯⋯⋯⋯⋯⋯⋯⋯⋯⋯⋯⋯⋯⋯⋯⋯ 123
　　　⑪完了日 ⋯⋯⋯⋯⋯⋯⋯⋯⋯⋯⋯⋯⋯⋯⋯⋯⋯⋯⋯⋯⋯ 124
　　　⑫受付経過日数 ⋯⋯⋯⋯⋯⋯⋯⋯⋯⋯⋯⋯⋯⋯⋯⋯⋯⋯ 124
　　　⑬受付ID ⋯⋯⋯⋯⋯⋯⋯⋯⋯⋯⋯⋯⋯⋯⋯⋯⋯⋯⋯⋯⋯ 125

6-3 対応内容テーブル ⋯⋯⋯⋯⋯⋯⋯⋯⋯⋯⋯⋯⋯⋯⋯⋯⋯ 127
　　　①受付ID ⋯⋯⋯⋯⋯⋯⋯⋯⋯⋯⋯⋯⋯⋯⋯⋯⋯⋯⋯⋯⋯ 128
　　　②対応ID ⋯⋯⋯⋯⋯⋯⋯⋯⋯⋯⋯⋯⋯⋯⋯⋯⋯⋯⋯⋯⋯ 129
　　　③対応種別 ⋯⋯⋯⋯⋯⋯⋯⋯⋯⋯⋯⋯⋯⋯⋯⋯⋯⋯⋯⋯ 131
　　　④対応内容 ⋯⋯⋯⋯⋯⋯⋯⋯⋯⋯⋯⋯⋯⋯⋯⋯⋯⋯⋯⋯ 131
　　　⑤担当者 ⋯⋯⋯⋯⋯⋯⋯⋯⋯⋯⋯⋯⋯⋯⋯⋯⋯⋯⋯⋯⋯ 131
　　　⑥対応日 ⋯⋯⋯⋯⋯⋯⋯⋯⋯⋯⋯⋯⋯⋯⋯⋯⋯⋯⋯⋯⋯ 133

6-4　Actionを作成する ·· 134
　Actionとは ··· 134
　作成するAction ·· 135
　Actionの作成方法 ·· 136
　Actionの設定内容 ·· 137

6-5　Sliceを作成する ··· 141
　Sliceとは ··· 141
　Sliceの設定内容 ··· 142
　Sliceの作成 ··· 144

Column　ドロップダウンの作り方 ··· 148
　タイプ指定(Enum)による生成 ··· 148
　タイプ指定(EnumList)による生成 ······································· 149
　[Valid if]による生成 ·· 150
　[Suggested values]による生成 ·· 151
　データタイプ指定(Ref)による生成 ······································ 151
　タイプ(Enum)とBase type 指定(Ref)による生成 ························· 153

Column　[is a part of]のオン／オフの違い ······························· 154

Chapter 7

［カンバン式問い合わせ管理アプリ③］
カンバン式に表示しよう
···················· 157

3つのViewを合成

7-1　Viewの作成方針 ·· 158
　System Viewとは ··· 158
　カンバン式を実現するためのView ······································· 159

7-2　未対応の問い合わせView ··· 159
　Layoutセクション ·· 160
　Displayセクション ··· 162

7-3　対応中の問い合わせView ··· 163

7-4　対応完了の問い合わせView ··· 164

7-5　問い合わせView(カンバン式) ······································· 165

7-6　新規問い合わせView ··· 167

7-7　動作確認 ··· 168

問い合わせデータの登録 ································· 169
登録された問い合わせデータの確認 ··················· 169

Chapter 8

［休暇申請アプリ①］データを準備しよう ·············· 171

アプリの要件とデータの読み込み

8-1 アプリのイメージを理解する ····················· 172
画面イメージ ·· 172

8-2 AppSheetアプリ用のデータを準備する ············ 174
サポートページからデータをダウンロード ············· 174
「有給休暇マスタ」の作成 ····························· 174
「休暇申請」の作成 ·································· 175

8-3 AppSheetにスプレッドシートを読み込む ·········· 177
アプリの新規作成 ··································· 177
「社員名簿」と「休暇申請」の読み込み ················· 179

Chapter 9

［休暇申請アプリ②］細かく設定していこう ·············· 185

テーブルのカスタマイズとAction／Sliceの作成

9-1 社員名簿テーブル ······························ 186
9-2 有給休暇マスタテーブル ························· 186
①_RowNumber ···································· 187
②社員番号 ·· 187
③有給休暇日数 ···································· 188
④承認者 ·· 189
⑤申請者氏名 ······································ 190
⑥部署 ·· 192
⑦申請者Eメール ··································· 193
⑧承認者氏名 ······································ 193
⑨承認者Eメール ··································· 194
⑩取得日数（仮設定） ······························· 195
⑪申請中日数（仮設定） ····························· 196

⑫残日数 ……………………………………………………………… 197

9-3 **休暇申請テーブル** ……………………………………………… 198
① _RowNumber …………………………………………………… 198
② ID ………………………………………………………………… 198
③ 申請日 …………………………………………………………… 200
④ 社員番号 ………………………………………………………… 201
⑤ ステータス ……………………………………………………… 203
⑥ 承認日 …………………………………………………………… 205
⑦ 休暇開始日 ……………………………………………………… 206
⑧ 休暇終了日 ……………………………………………………… 207
⑨ 休暇日数 ………………………………………………………… 208
⑩ 休暇理由 ………………………………………………………… 210
⑪ コメント ………………………………………………………… 210
⑫ 更新日 …………………………………………………………… 211
⑬ 申請者氏名 ……………………………………………………… 212
⑭ 申請者部署 ……………………………………………………… 213
⑮ 申請者Eメール ………………………………………………… 214
⑯ 承認者 …………………………………………………………… 215
⑰ 承認者氏名 ……………………………………………………… 216
⑱ 承認者Eメール ………………………………………………… 217

9-4 **有給休暇マスタを仕上げる** ……………………………… 218
逆関連付けの「Related 休暇申請s」 …………………………… 218
取得日数を求める式 ……………………………………………… 220
申請中日数 ………………………………………………………… 220
⑩ 取得日数 ………………………………………………………… 221
⑪ 申請中日数 ……………………………………………………… 221

9-5 **Actionを作成する** ………………………………………… 222
作成するAction …………………………………………………… 222
Actionの作成方法 ………………………………………………… 223
Actionボタンの表示方法 ………………………………………… 223
Actionの設定内容 ………………………………………………… 225

9-6 **Sliceを作成する** …………………………………………… 232
Sliceの設定内容 …………………………………………………… 232
Slice作成時の補足 ………………………………………………… 238

Chapter 10

［休暇申請アプリ③］自動化処理を組み込もう ················ 241
Viewの作成とBOTによるメール送信の自動化

10-1 作成するView ·· 242
作成するView ·· 242
カスタマイズするView ·· 242

10-2 My有休情報View ·· 243

10-3 My申請状況View ·· 245

10-4 My申請受付View ·· 247

10-5 My部下有休情報View ··· 251

10-6 休暇申請View ·· 254

10-7 全有給休暇申請View ·· 257

10-8 有給休暇マスタView ·· 261

10-9 My申請受付_Detail View ··································· 264

10-10 BOTでメール通知機能を実装する ······················ 265
休暇申請が申請されたら"承認者"にその旨を通知する ·············· 265
休暇申請が承認（または却下）されたら"申請者"にその旨を通知する 274
送信されるメール ·· 278

Column　関数一覧 ·· 281
テキスト ··· 281
日・時間 ··· 281
YES/NO ··· 282
条件 ··· 282
計算 ··· 283
リストと集計 ··· 283
OTHERS ··· 284
DEEPLINK ··· 285

おわりに　286
著者・監修者の紹介　287

Chapter 1

Google AppSheetの基本&Workspaceとの連携を押えよう

AppSheetの仕組みと利用するイメージ

Gmail や Google カレンダーなど会社や個人で利用している人も多いことでしょう。本章では Google Workspace と AppSheet の基本から連携パターンなどを説明します。

1-1　Google Workspaceとは

　Google Workspace[ワークスペース]はグループウェアとして利用できるクラウドコンピューティングサービスです。PCではWebブラウザから、モバイルでは専用アプリから利用でき、異なる端末間でも同じデータにアクセスできます。

　主なアプリは次のようなものがあります。

- Gmail
- カレンダー
- ドライブ
- ドキュメント
- スプレッドシート
- フォーム
- Keep
- Meet
- Chat

1-2　AppSheetとは

　AppSheet[アップシート]とはノーコードでWebアプリケーションやモバイルアプリケーションを開発できるプラットホームです（図1-1）。アプリ開発に必要なプログラム言語は一切必要とされないままアプリを構築できることから「ノーコードの開発ツール」と呼ばれています。

　もともとはスタートアップ企業のAppSheet社が独自に開発／販売していましたが、2020年1月にGoogle社によって買収され、現在はGoogleサービス群の1つとなっていて、Googleの各種サービスと連携できます。

○図1-1：Google AppSheet（**URL** https://www.appsheet.com/）

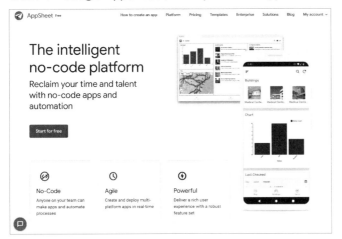

AppSheetの特徴

　データをスプレッドシート（ExcelやGoogleスプレッドシート）などから抽出
し、それらのフィールド名や列名、データ内容から自動的にアプリのひな形を
作成します。データを読み込んだあとは、ブラウザからAppSheetの開発用画
面を使うだけで、プロのプログラマーでない一般の方々が、難しいプログラム
コードを書くことなしにアプリケーションを開発できます。しかも同時にWeb、
モバイル、タブレット向けのアプリケーションを開発できてしまいます。

　写真の撮影や取り込みはもとより、GPSや地図情報との連携、バーコードや
QRコードの読み取り機能などモバイルに特化した機能も数多く用意されてい
ます（図1-2）。

AppSheetの利用料金

　利用するアカウントの取得や開発環境の利用はすべて無料で開始でき、開発
後もアプリをプロトタイプ（試作品）として複数ユーザー（無料では10名まで）で
シェアして試用できます。

　ただし、無料プランでは利用できない機能もあります。AppSheetの持つすべ

○図1-2：AppSheetアプリケーションでできること

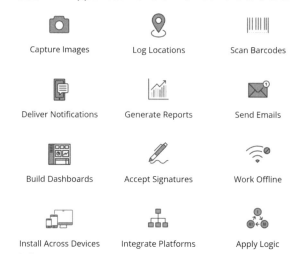

出典元 ：**URL** https://solutions.appsheet.com/application-platform

ての機能を使った本格的なアプリを実際の現場で利用するには、ユーザー数に応じた製品ライセンスの購入が必要です（章末のコラム参照）。

　まずは無料プランで必要なアプリのプロトタイプを作成してみて、自分のニーズを満たすことのできるアプリ開発の目途が確認できた時点でライセンスを購入することも可能です。

1-3　AppSheetの仕組み

　AppSheet全体の仕組みは図1-3のとおりです。インターネット環境とGoogleのアカウントさえあれば、AppSheetアプリの開発からプロトタイプの利用まで可能です。

　アプリ開発の基本的な流れは次のとおりです。

①クラウド上にデータを準備する

　AppSheet開発者はGoogleスプレッドシートなどのクラウドサービスにスプレッドシート（データ）を準備します。

○図1-3：AppSheetの仕組みと利用イメージ

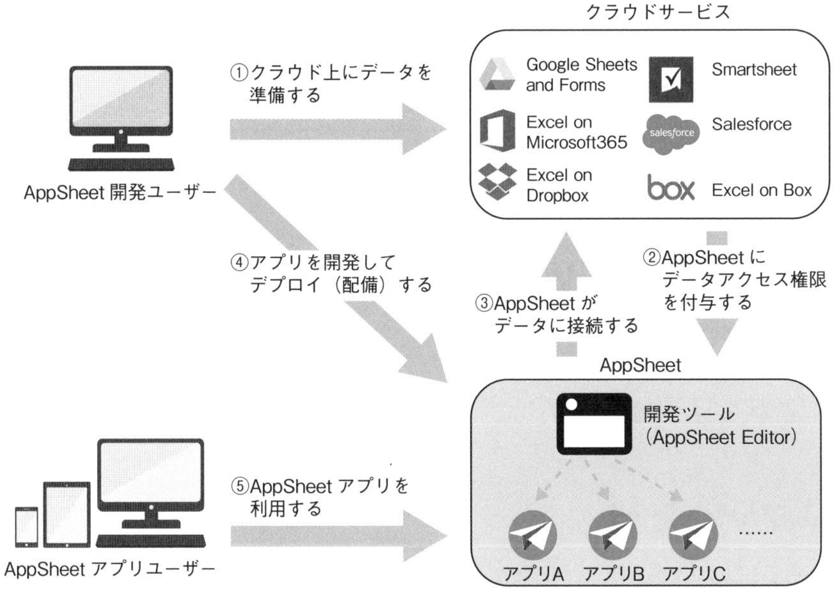

クラウドサービス

AppSheet 開発ユーザー

①クラウド上にデータを
準備する

Google Sheets and Forms

Smartsheet

Excel on Microsoft365

Salesforce

Excel on Dropbox

Excel on Box

④アプリを開発して
デプロイ（配備）する

②AppSheet に
データアクセス権限
を付与する

③AppSheet が
データに接続する

AppSheet

開発ツール
（AppSheet Editor）

⑤AppSheet アプリを
利用する

AppSheet アプリユーザー

アプリA　アプリB　アプリC　……

②AppSheetにサインインして、データアクセス権限を付与する

　AppSheet開発者はクラウドサービス認証サービスを利用してAppSheetアプリにログインします。このときAppSheetへデータへのアクセス権限を付与します（図1-4）。

③AppSheetがデータに接続する

　AppSheetはクラウドサービス上のデータに接続します。

④アプリを開発してデプロイ（配備）する

　AppSheet開発者は開発ツール（AppSheet Editor）を使ってアプリを開発し、ユーザーとシェアします。

⑤AppSheetアプリを利用する

　AppSheetユーザー端末は、AppSheetを経

○図1-4：アクセス権限の確認

Google AppSheet が Google アカウントへのアクセスをリクエストしています

appsheet.gihyo@gmail.com

Google AppSheet に以下を許可します：

🔺 Google ドライブのすべてのファイルの表示、⊙
編集、作成、削除

⚫ Google スプレッドシートのすべてのスプレ ⊙
ッドシートの参照、編集、作成、削除

Google AppSheet を信頼できることを確認

お客様の機密情報をこのサイトやアプリと共有することがあります。 アクセス権の確認、削除は、Google アカウントでいつでも行えます。

Google でデータ共有を安全に行う方法についての説明をご覧ください。

Google AppSheet のプライバシー ポリシーと利用規約をご覧ください。

キャンセル　　　　許可

由して、スプレッドシートやデータベース（データソース）のデータにアクセス
します。なお、AppSheet ユーザー端末は、AppSheet 経由して取得したデータ
を一時的にその内部に保持（キャッシュ）します。AppSheet ユーザー端末で編集
されたデータは、AppSheet サーバーとオンライン接続されている状態で、クラ
ウド上のデータベースと同期（Sync）されます。

1-4 Google Workspaceとの連携

AppSheet と Workspace を中心としたプロダクトとの連携パターンを紹介しま
す（2021年11月時点）。

スプレッドシート

AppSheet と Workspace の連携で、もっとも利用されている組み合わせです。
アプリのデータ保存場所として容易に指定でき、またスプレッドシートが持つ
変更履歴管理や特定のバージョンへのリストアなどのアプリ運用において、強
力な機能を特別な設定なしで利用できます。

Wrokspace を利用している場合は、すでに既存業務にて在庫の管理や問い合
わせ管理などのさまざまなリストをスプレッドシートで運用しているケースも
多いでしょう。AppSheet ではそのようなスプレッドシートを読み込むだけでア
プリとしての利用を開始できます。

本書でも全般にわたってこの組み合わせでアプリ構築を解説しています。

ドライブ

AppSheet のアプリでは画像やファイルを簡単に扱えますが、当然ながら保存
場所が必要になります。Workspace アカウントで AppSheet の利用を開始した場
合、標準のファイル保存先は Google ドライブとなります。

アプリで設定したカラムタイプによって、複数のユーザーが利用する場合で
も、統一したフォルダパスに保存されるためデータが散逸することを防げます。

　本書では、Chapter 3〜4の「社員名簿アプリ」の開発時に社員の顔画像を保存場所として利用しています。

　また、単なるファイル保存場所としての利用に留まらず、2021年からより高度な用途としてファイルをレコード化する形で、アプリのデータソースとして指定できます。この新機能で、ドライブ上のファイルを直接操作するアプリの開発が可能となり、飛躍的にアプリの拡張性が増しました。

フォーム

　フォームのデータをスプレッドシートで管理することにより、AppSheetライセンスを有しないゲストユーザーからも、AppSheetアプリへのデータ登録画面を容易に作成できます。

　また、Addonの設定によりフォームからのデータ入力をトリガーとしたAutomationを設定でき、フォーム単独では実現できない入力内容に応じてカスタマイズしたメールで返信するアプリも作成できます。

　本書では、Chapter 5〜7の「カンバン式問い合わせ管理アプリ」で、フォームからのデータ登録部分でこの連携を利用しています。

ドキュメント

　アプリからPDFを生成する場合のテンプレートとしてGoogleドキュメントを利用することが可能です。

　既存業務で請求書などの社内文書をドキュメントで管理している場合は、そのままPDFのテンプレートとして利用することが可能なため、別途出力用のテンプレートを作成するといった作業は不要となります。

　また、アプリからの通知においてリッチなHTMLメールを送信したい場合は、ドキュメントを利用して装飾した内容をメールテンプレートとして利用でき、HTMLタグを記述する必要はありません。

Gmail

　2021年10月に一般公開されたDynamic Email機能によって、AppSheetから送信したメール本文にアプリの画面を埋め込むことが可能となりました。

　メールソフト上から直接アプリが操作できるようになるため活用の幅は広範囲に及び、例えば経費精算の業務など、申請する担当者が必要な情報をアプリに登録しそのまま承認申請するケースなどで有効利用できます。承認者にはDynamic Emailで承認可否を選択できるボタンUIを含めて送信できるため、承認者は別途アプリにログインすることなく、Gmail上から承認または却下を行うことができます。

　なお、本書執筆時点（2021年11月）で、Dynamic Email機能の設定および利用にあたっては、Google Workspaceで契約したドメイン内に限られます。フリーのGmailやOutlookメールでは利用できません。

カレンダー／Google Meet

　スプレッドシート、ドライブと同様にカレンダーもAppSheetのデータソースとして利用することが可能です。

　カレンダーの予定をアプリ上でもレコードとして利用できるため、予約管理などのアプリを容易に開発することが可能です。また、カレンダーにGoogle MeetのURLが含まれる場合には、AppSheet上の画面から直接そのMeetのURLを呼び出すことができます。

グループ

　AppSheet Enterpriseプラン以上となりますが、Googleグループを認証ユーザーリストとして利用することが可能です。

　アプリの規模が大きくなると、ユーザーを個別に追加／削除する運用の負荷が高まってきますが、その場合でもグループを利用すれば一括でアプリユーザーの管理が可能です。また、所属するグループごとにロールを分けてアプリ内での権限を設定できます。

Google Chat

　Automation BotからChatのWebhook URLを介して各スペースへの通知が可能です。

　AppSheet内データのステータス変更や、定時スケジュールにより動作させることが可能なので、ビジネス状況や担当部署に応じた柔軟な通知を自動化することが可能となっています。

サイト

　AppSheetでは従来のユーザー単位とは異なりアプリ単位での課金となるPublisher Proプランが別にあります。これはログインが不要なアプリに対応するプランとなり、自社製品のカタログやレストラン店舗がメニューを一般公開するなどの目的のために利用するものです。

　Publisher Proライセンスでアプリを作成した場合、サイトに埋め込み動的なコンテンツを顧客に提供することが可能です。

Google Apps Script

　Google Apps Script はスプレッドシートのカスタム関数を作成することが可能なため、AppSheetがデータソースとするスプレッドシートでGoogle Apps Scriptから生成した独自の関数を利用することでも機能拡張できます。とくにAppSheetが現時点で対応できていない、他のAPIからのデータ取得などで活用することができます。

　また、逆にApps Scriptで公開APIを作成し、AppSheet側のAutomation Botからコールすることにより、各種Workspaceコンテンツの操作が可能となります。

Cloud Search

　Cloud Searchは自分のWorkspaceコンテンツを横断検索できる便利なプロダ

クトですが、AppSheetのデータ内容を元にしたCloud Searchへのリンクを準備することにより、簡便に利用することが可能です。

URLパラメータで検索対象ワードを付与したリンクを作成するのみですので、実装にあたっても容易に実現できます。

AppSheet有償ライセンスのプラン

AppSheetは、アプリの開発を無料プランから開始できます。またユーザーを交えたトライアル／試用も最大10名まで無料ですが、高機能なアプ

○表1-A：AppSheetのプラン（概要）

プラン	1ユーザーの料金（月額）	含まれる機能
Starter	$5	基本的なアプリケーション（フォーム、地図、グラフなど）、スプレッドシートコネクタと基本的なユーザー認証
Core	$10	スプレッドシート データソースに接続されるアプリと基本的な自動化ニーズへの対応。Starterの全機能のほか、高度なアプリとプロセスの自動化（バーコード、ホワイトラベル、定期レポート、Webhookなど）。高度なアプリケーション セキュリティ。基本的な AI機能
Enterprise Standard	要見積もり	AppSheet アプリの全機能に加え、堅牢な自動化と高度なコネクタを提供。Coreの全機能のほか、高度なAI機能。高度なデータコネクタ（クラウド データベース、SaaS プロバイダ、Apigee など）。高度な認証プロバイダ。チーム間でのデータソース、連携設定、認証ソースの共有
Enterprise Plus	要見積もり	スケーリング、セキュリティ、コンプライアンスを推進する強力なエンタープライズ機能。Enterprise Standardの全機能のほか、エンタープライズ データソース（SAP、OData など）のサポート。経営者向けレポート、使用状況レポート、管理者向けレポート。チーム アクティビティの追跡とガバナンス ポリシーの自動化。大規模なアプリケーション監査ログ

リを運用するうえで必要となるAutomationやその他一部の機能は、有料プランに移行しないと利用できません。

　アプリの設定に関わらず、アプリをデプロイすることで有料プランの課金体系に組み込まれるため、開発段階ではアプリをデプロイせずに検証してください。実際の運用を見据えてAutomationを含めた有料プランで利用が可能となる機能を利用する際は、Core以上のライセンスを事前に購入する必要があります（表1-A）。StarterとCoreはインターネットからカード支払いでの購入できますが、Enterprise Planは代理店経由で購入する必要があります。

　なお、この情報は2021年11月時点のものです。料金体系を含めライセンスプランは随時変更される可能性があるので、最新の情報や詳細はAppSheetの公式サイトの「Pricing」を確認してください。

●AppSheet公式サイトの価格表
URL https://solutions.appsheet.com/pricing

Chapter 2

AppSheetアプリ開発の環境を準備しよう

Googleアカウントで AppSheet にサインイン

開発環境を準備するといっても、何かをインストールする必要はありません。Googleアカウントを持っていない場合は無料アカウントを作成して、AppSheetにサインインすれば完了します。

2-1　Googleアカウント（Gmail）を作成する

　本書ではGoogleの無料アカウントと無料のGoogleドライブを使用して AppSheetアプリケーションを開発していきます。

　Googleアカウントをお持ちでない方は、事前にGoogleのサイトで作成してお いてください。本書では「appsheet.gihyo@gmail.com」というアカウントを作成し ました。以降の画面で表示されている「appsheet.gihyo@gmail.com」は、ご自身の Googleアカウントに読み替えてください。

2-2　AppSheetにサインインする

　PCのブラウザでAppSheetのサイト（図2-1）を開いてみましょう。AppSheet アプリは、PC／モバイル／タブレットのどのデバイスでも動作しますが、開発 はPCを使います。

　AppSheetを使用するには、まずAppSheetへサインインする必要があります。 図2-1の［Start for free］をクリックすると、どのクラウドシステム上にあるデー タを使用するかを聞いてきます（図2-2）。

　AppSheet自身は独自のユーザー認証システムを持ちません。またアプリケー ションの元となるデータを保管する場所も持ちません。すべて他のクラウドシ ステムを使います。

　それでは図2-2の［Google Sheets and Forms］をクリックし、［アカウントの選 択］ダイアログ（図2-3）で使用するGoogleアカウントを選択します。

　使用するGoogleアカウントを選択すると、GoogleドライブやGoogleスプレッ ドシートへのすべてのアクセス権をAppSheetに与えるかどうかを聞かれるの で［許可］をクリックしてください（図2-4）。

○図2-1：Google AppSheet（🔗 https://www.appsheet.com/）

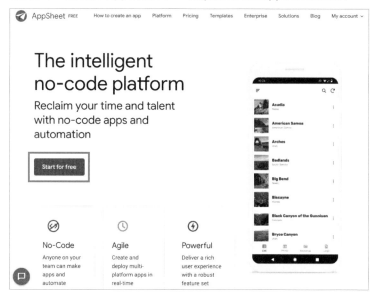

○図2-2：どのクラウドシステム上にあるデータを使用するか

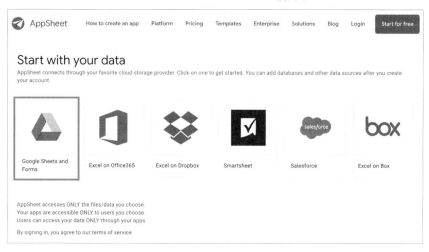

○図2-3：アカウントの選択

○図2-4：アクセス権の確認

少し待つとAppSheetのサイト上に［Create a new app］ダイアログ（図2-5）がポップアップしますが、ここでは一旦閉じておきます。図2-6のような画面になればAppSheetの利用準備は完了です。

さあ、AppSheetによるノーコード開発を始めましょう。

○図2-5：［Create a new app］ダイアログ

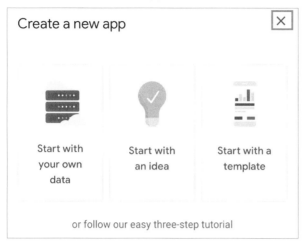

○図2-6：AppSheetを利用するための準備は完了

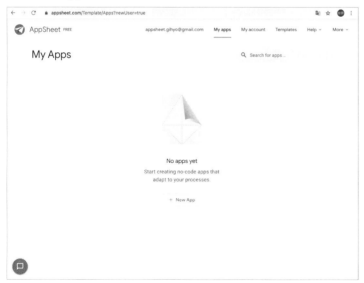

ⓒ ⓞ ⓛ ⓤ ⓜ ⓝ

Expressionの入力・記載時の注意事項

　AppSheetではフラスコマークや「=」が左に表示されている入力フォームから Expressionを指定することで必要なデータを取得したり、さまざまなアプリの動作を制御します。本書で紹介している次のサンプルExpressionを元に、Expression構築の際の留意点を説明します。

```
OR(ANY(SELECT (社員名簿[部署],[Eメール]=USEREMAIL())) = "人事部", [Eメール]=USEREMAIL())
```

　まず、AppSheetのExpressionの基本構文は「*関数名*()」で表記されますが、関数名に続く括弧は常に半角入力です。関数中に日本語を指定することがありますが、その流れで括弧()を全角表記とすることでExpressionのValidationルールによりエラーと評価されるケースがあるのでご注意ください。

　また関数内では、[*カラム名*]という表記で、レコード上のカラムの値を指定、呼び出す構文が利用されますが、この際も同様にカラム名の前後に指定する[]は、常に半角入力となります。

　半角・全角入力の誤りは、関数に渡す引数を区分するカンマ(,)の入力にも該当するので、カンマを全角入力としないようにしてください。

　関数の中でテキストの値(上記の例では"人事部"の部分)を指定する場合、テキスト値は常に半角のダブルクオート(")で囲う必要があります。

　全角の日本語として設定したテーブル名やカラム名(上記の例では社員名簿や部署の部分)はExpression内で設定どおり全角として指定するので、Expression入力の際の例外です。その他の記載は関数で用いられる記号や関数名を含めて常に半角入力としてExpressionを指定してください。

　なお、AppSheetではExpression記述において、大文字と小文字の区別はありません。SELECT、Select、select(大文字・小文字入力の別に関わらず常に半角入力)いずれの表記でも同様の結果が得られ、エラーとはなりません。

Chapter 3

［社員名簿アプリ①］
開発の流れを理解しよう

データを準備してアプリを自動生成

いよいよAppSheetアプリを作成していきます。本章と次章では「社員名簿アプリ」を作成しながら、AppSheetによる開発の流れや、開発ツール（AppSheet Editor）の基本的な使い方を説明します。

3-1 データを準備する

Googleスプレッドシートを使って社員名簿を作りましょう。ここで作成する社員名簿は、本書で作成するすべてのアプリで利用します。

社員名簿データの内容

社員名簿は、次のような列で構成するデータを作成します。ここで準備するスプレッドシートは、アプリ作成時の元になるものなので非常に重要です。1行目の列のタイトル（「社員番号」や「氏名」など）は、そのままAppSheetのデータカラム名になるので重複しないようにしてください。またユニークな値が必要な列（「社員番号」と「Eメール」）も後で重要な働きをするので、注意して決めてください。

- A列：社員番号（ユニーク値）
  数値で重複のないユニークな値（ここでは「210001〜210030」の連番）
- B列：氏名
  漢字の氏名（姓と名の間に全角スペース）
- C列：カナ氏名
  全角カノ表記の氏名（姓と名の間に全角スペース）
- D列：部署
  次の部署名のいずれかを想定。「社長室」「総務部」「人事部」「経理部」「営業部」「カスタマーサービス部」「物流部」「マーケティング部」「システム部」
- E列：役職
  次の役職のいずれかを想定。「社長」「社長秘書」「部長」「社員」
- F列：Eメール（ユニーク値）
  重複しないEメールアドレス（ここでは架空のドメイン名のEメールアドレスを使用）
- G列：ダイヤルイン番号
  個別に割り当てられた電話番号（グループ代表番号でもよい）

- H列：内線番号

  個別に割り当てられた内線番号（グループ代表番号でもよい）
- I列：生年月日

  西暦（YYYY/MM/DD）形式
- J列：入社日

  西暦（YYYY/MM/DD）形式
- K列：住所

  自宅住所（ここでは架空の住所を使用）
- L列：顔写真

  各社員の顔写真（PNGファイル）へのファイルパス（ここではAIで作成した写真を使用）
- M列：更新日

  情報を更新した日付。西暦（YYYY/MM/DD）形式

　ここでは社員30人程度の中小企業を想定しています。数十名規模までの会社なら人事部スタッフがExcelなどのスプレッドシートで社員情報を管理しているところが多いのではないでしょうか。

サポートページからデータをタウンロード

　先ほど定義した社員名簿を一から作成していただいてもよいですが、ここではサンプルデータと顔写真データを本書サポートページからダウンロードしてGoogleスプレッドシートに変換する方法を説明します。社員の顔写真はAIが作成した実在しないもの（30人分）を用意しました。

　まず、本書のサポートページから「AppSheetBook_*YYYYMMDD*.zip」をダウンロードして解凍してください。

- 本書サポートページ

  URL https://gihyo.jp/book/2022/978-4-297-12574-5/support

　次にGoogleドライブに「AppSheet-Studio」フォルダを作成して、ダブルクリッ

クをして移動します。

　まず、［＋新規］⇒［フォルダ］を選択してフォルダ名を入力します。ブラウザ
上では「マイドライブ > AppSheet-Studio」と表示され、中身がない状態になっ
ています。そこに、解凍してできた「社員名簿.xlsx」と「FacePhoto」フォルダを
ドラッグしてGoogleドライブにアップロードしてください注1。

ExcelファイルをGoogleスプレッドシートに変換

　アップロードした「社員名簿.xlsx」をGoogleドライブ上でダブルクリックして
開き、［ファイル］メニュー ⇒［Googleスプレッドシートとして保存］を選択して
ください（図3-1）。社員名簿スプレッドシートが作成できれば、元の「社員名
簿.xlsx」は削除します。同じファイル名のGoogleスプレッドシートが作成され
るので、こちらをAppSheetで使用するスプレッドシートとします注2。

○図3-1：ExcelファイルをGoogleスプレッドシートに変換

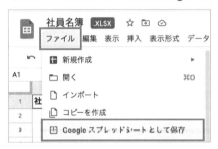

データの確認

　ここまでの手順で作成したのが図3-2のスプレッドシートです。作成された
ファイルは図3-3と図3-4のようになっているはずです。

注1）「FacePhoto」フォルダは社員名簿データの顔写真（L列）のパス名に使います。そのため、フォルダ名は変更
　　　せずに「社員名簿.xlsx」と同じ場所に配置してください。

注2）AppSheetではGoogleドライブにアップロードしたExcelファイルをそのまま使用することも可能ですが、
　　　不安定な動きをする場合があるとの報告も出ています（本書執筆時点）。現状ではExcelファイルからGoogle
　　　スプレッドシートへ変換して使用することを強くお勧めします。

○図3-2：ファイル名「社員名簿」、シート名「社員名簿」

○図3-3：[マイドライブ] ⇒ [AppSheet-Studio]

○図3-4：［マイドライブ］⇒［AppSheet-Studio］⇒［FacePhoto］

3-2 AppSheetにスプレッドシートを読み込む

アプリ名とカテゴリの指定

　AppSheetサイトへサインインして［My apps］画面（図3-5）を開き、［＋New App］で表示される［Create a new app］ダイアログ（図3-6）で［Start with your own data］を選択して表示される図3-7でアプリ名を入力し、カテゴリを選択します。ここではアプリ名を「Employee_list」、カテゴリーを「Human Resources」としました。なお、現状では新規アプリ作成時に日本語は使えません。英語（またはローマ字）表記でのアプリ名しか保存できないので注意してください。

○図3-5：[My Apps]

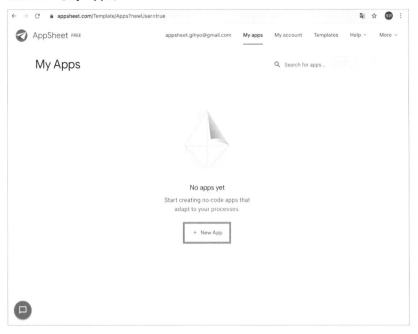

○図3-6：[Create a new app]

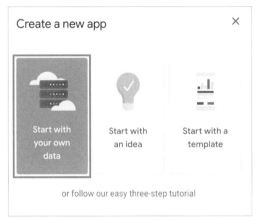

○図3-7：［Create a new app］(2)

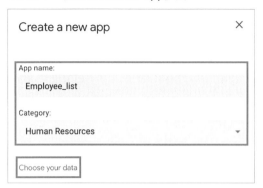

データの選択

図3-7の［Choose your data］をクリックすると図3-8が表示されるので、［My Drive］⇒［AppSheet-Studio］⇒［社員名簿］を選択して［Select］をクリックし、図3-9の画面でしばらく待ちます。この間、AppSheetは社員名簿スプレッドシートを読み込んで、中身を解析し、適切なアプリのひな形をセットアップしているのです。

○図3-8：Select a file

Select a file			✕
My Drive			
Spreadsheets	🔍		⇅
My Drive ▸ AppSheet-Studio			
Name	Owner	Last modified ↓	
📁 FacePhoto	me	Oct 21, 2021	
📗 社員名簿 👥	Borracho Borracho	2:17 PM	
Select Cancel			

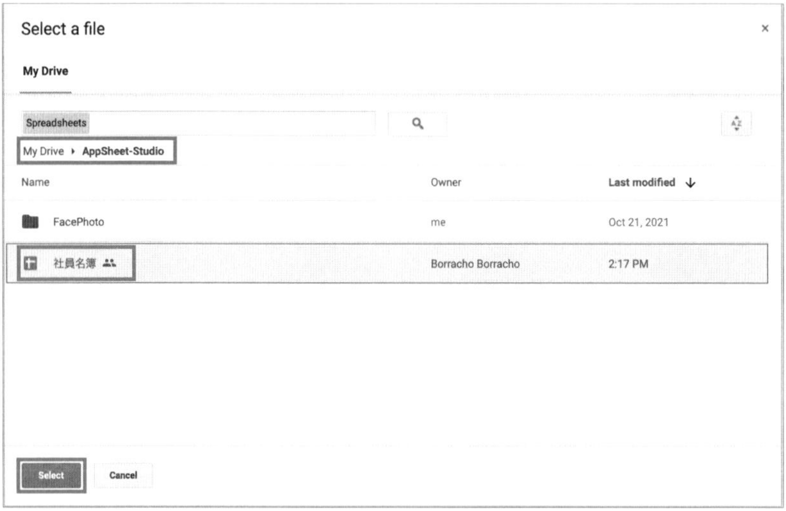

○図3-9：［We're setting up your new app...］

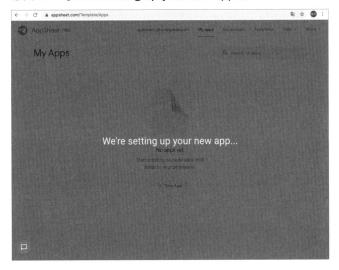

アプリのひな形を作成

今回のデータではセットアップに10秒もかからず図3-10が表示されました。

○図3-10：［Welcome to your app］

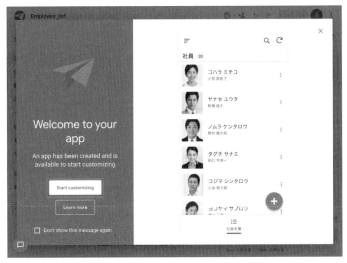

　図3-10の右側は、AppSheetが自動生成したアプリのモバイルでの表示イメージです。氏名や写真も表示されていて、このままで社員名簿アプリとして使えそうです。しかし、しっかりした業務アプリとして使うには、細かいデータアクセス権限や画面の制御が必要になってきます。

　それではカスタマイズに進みましょう。

3-3　AppSheet開発ツール（AppSheet Editor）

　図3-10の［Start customizing］をクリックすると、AppSheetアプリを開発するために使用する「AppSheet Editor」（図3-11）が表示されます。AppSheet Editorは残念ながら日本語化されておらず、当面は英語以外の多言語化対応の計画もないようです。

　まずは画面のざっくりした見方とカスタマイズの肝になる部分だけを理解しておき、残りは実際にアプリを作成しながら試していくことがAppSheet習得への早道です。

○図3-11：AppSheet Editor

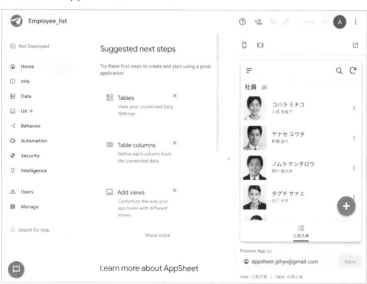

AppSheet Editorをブラウザの翻訳機能を使って日本語表記でアプリの編集をしているケースが散見されますが、バグの原因となり思わぬエラーの発生要因になることも確認されています。英語が苦手な方は大変かもしれませんが、AppSheet Editorは原文のままで利用してください。

AppSheet Editorの画面構成

AppSheet Editorの画面構成（図3-12）を元に、これからカスタマイズの肝になる重要な部分を説明します。

○図3-12：AppSheet Editorの画面構成

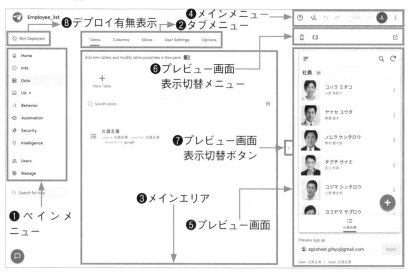

❶ペインメニュー、❷タブメニュー、❸メインエリア

アプリの開発は、「❶ペインメニュー」で項目を選択するところから始まります。選択した項目に従って「❷タブメニュー」と「❸メインエリア」が変化して、作業対象や設定できる内容が変わる仕組みになっています。

ペインメニューの中でもとくに頻繁に使う重要な項目は次のとおりです。

45

- Data

  読み込んだデータのカラム属性や制約などを設定します。また新規に別のス
  プレッドシートを読み込んで、データ間の関連付けを行います。

- UX

  View（画面）の種類、表示方法などを設定します。

- Behavior

  システムの動作（Action）を定義します。定義したActionは主にViewにボタ
  ンやリンクとして貼り付けて利用します。

- Users

  アプリをシェアしているユーザーを確認したり、アプリに対する権限などを
  付与します。

❹メインメニュー

　主に使う機能は、カスタマイズした内容をAppSheetに保存するための［Save］
ボタンです。［Save］ボタンは普段はグレーアウトされていてクリックできませ
んが、アプリに変更を加えるとAppSheetが検知して青くなります。また［Save］
をしないとプレビュー画面に反映されない機能もあるので、変更したら必ず
［Save］するようにしてください。また、シェアアイコンから開発したアプリを
使うユーザーをEメールアドレスで登録します。

❺プレビュー画面

　デフォルトではAppSheetアプリをスマホ用にプレビュー表示します。「❻プ
レビュー表示切替メニュー」で、［スマホ表示］⇒［タブレット表示］⇒［PC表示］
を切り替えられます。なお、プレビュー画面では写真を撮ったりバーコードを
読んだりなど、スマホのカメラを使った動作はテストできません。

　また開発中にメインエリアを広く使いたい場合、「❼プレビュー表示切替ボタ
ン」をクリックするとプレビュー画面が消えて画面を広く使えます。戻したいと
きには右端に寄った同じボタンを押せば再度プレビュー画面が現れます。

3-4　AppSheetが自動作成したアプリを見てみる

　この時点でプレビュー画面に表示されているのは、AppSheetがGoogleスプレッドシートの社員名簿を読み込み、自動的にアプリケーションに変換した直後の状態です。果たしてどんな具合に変換されているかプレビュー画面上で少し操作してみましょう。

　最初に表示されているのは社員の顔写真、カナ氏名、氏名がリスト化されています（図3-13）。また少し下へスクロールしていくと、役職でグルーピングされているのがわかります（図3-14）。

○図3-13：社員リスト

○図3-14：社員リスト
　（役職でグルーピングされている）

◯図3-15：社員情報

◯図3-16：社員情報（詳細）

◯図3-17：社員情報の移動（1）

◯図3-18：社員情報の移動（2）

社員情報の表示

社員の誰かクリックしてみましょう（図3-15）。スクロールしていくと社員情報の詳細がすべて表示されています（図3-16）。

また画面中央の左右に薄く出ている「＜」「＞」を押すと、次の社員情報へ移動したり戻ったりできます（図3-17、図3-18）。スマホやタブレットでアプリを利用する場合は、画面をスワイプすることで次の社員情報に移動できます。

社員情報の編集

社員情報（図3-19）の右下にある丸い鉛筆マークをクリックすると編集画面に切り替わります（図3-20～図3-22）。

社員番号以外はすべての情報が書き換えられそうです。ここでは情報には何も触れず、画面下の[Cancel]ボタンで元の社員名簿画面へ戻ってください。社員情報の詳細画面からは画面下の[社員名簿]を押せば最初の社員リスト画面へ戻れます。

○図3-19：社員情報　　　　　　○図3-20：社員情報の編集（1）

○図3-21：社員情報の編集 (2)　　○図3-22：社員情報の編集 (3)

○図3-23：社員リスト　　　　　　○図3-24：社員情報の追加

社員情報の追加

　社員リスト(図3-23)の右下にある[＋]ボタンをクリックすると、新規登録画面が表示されます(図3-24〜図3-26)。

　項目を順に見てみると[社員番号]や[内線番号]の入力欄に[−][＋]があったり、役職は選択できるのに部署ができないなど、社員登録のユーザビリティーは少し改善が必要そうです。

　ただ、AppSheetがスプレッドシートを読み込むだけで、ある程度の機能を備えたひな形アプリを自動生成してくれるのはすばらしいと思います。ここまでのアプリを仮に一からコードを書いて開発していたら、こんな短い時間では難しいのではないでしょうか。

○図3-25：社員情報の追加

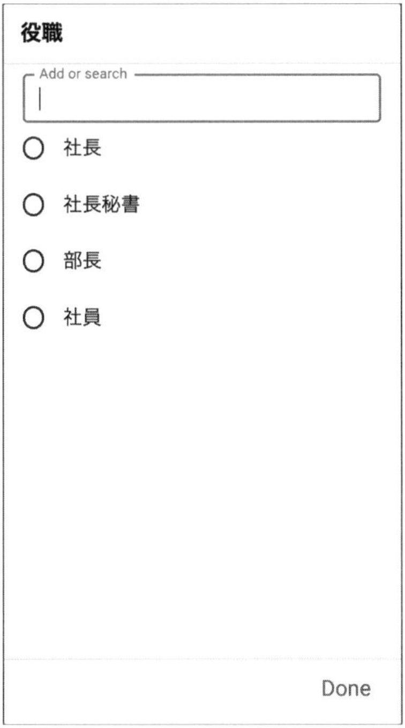

○図3-26：社員情報の追加

　ひな形アプリを簡単に見てきました。実際に社内のユーザー向けシステムとして使用するには、もう少しユーザーインターフェースを良くしたり、ユーザーごとに機能制限をかけたりしなければなりません。AppSheet はそのためのさまざまな機能を用意してくれています。

　次章では AppSheet のノーコード開発機能を勉強しながら「社員名簿」アプリケーションを仕上げていきましょう。

Google スプレッドシートの制限

　AppSheet で作成したアプリのテーブルが Google スプレッドシートをデータソースとしている場合、保存できるデータはスプレッドシートの制限に制約されます。2021 年 11 月時点で、Google により公表されているスプレッドシートに関する各種制限は次のとおりです。

- Google スプレッドシートで作成したスプレッドシート、または Google スプレッドシート形式に変換したスプレッドシートは 500 万セル、または 1 万 8,278 列（ZZZ 列）までです。
- Microsoft Excel からインポートしたスプレッドシートの場合は、500 万セル、または 1 万 8,278 列までです。上限は Excel と CSV のインポートで同一です。なお、いずれかのセル内の文字数が 5 万文字を超える場合、そのセルはアップロードされません。

Chapter 4

［社員名簿アプリ②］
アプリを完成させよう

テーブル／View／Actionを設定して
スマホで動作確認

前章では、実際にアプリを作成する中で、開発ツールや自動作成されたひな形アプリの内容を見てきました。本章ではカスタマイズをしてアプリを完成させましょう。細かな設定が続きますが、紙面に沿って1つずつ進めてくみてください。

4-1　社員名簿アプリの要件定義

　AppSheetでのデータの読み込みとひな形アプリが確認できたところで、これから仕上げるアプリの簡単な要件を定義しておきましょう。

- 本アプリの目的は「社員の連絡用情報を共有すること」です。
- 新規社員の登録と社員情報の編集／削除は人事部の社員のみが行えます。
- 社員番号は人事部の社員が別途採番し、手入力するものとします。
- 部署、役職はプルダウン式で選択入力できるものとします。
- 住所はマップとして表示できるものとします。
- 社員は自分の情報についてはすべてを参照できるものとします。
- 人事部以外の社員は、他の社員の「生年月日」「住所」は参照できないこととします。これは社員のプライベートな情報を保護するためです。
- モバイル端末から電話番号を入力せずに電話をかけられるようにします。
- モバイル端末からEメールアドレスを入力せずにメール送信をできるようにします。

　ここで定義した要件を満たすようにアプリをカスタマイズしていきます。つまり、人事部の社員はすべての情報を操作できますが、それ以外の社員は操作や閲覧情報の制約を受けるということです。

4-2　テーブルを操作する

　まず、データから手を入れていきます。AppSheet Editorのペインメニュー⇒［Data］を選択すると、タブエリアにいくつかのメニューが現れ、メインエリアに［社員名簿］というタイル状の情報が表示されます（図4-1）。社員名簿はAppSheetが最初に読み込んだスプレッドシートデータで、AppSheetではシートのことを"テーブル"と呼びます。

社員名簿テーブルの設定

　[社員名簿]のタイルをクリックすると、社員名簿テーブルに関する設定画面が開きます(図4-2)。

○**図4-1：テーブル一覧**

　図4-2で大事なのは[Are updates allowed？]の[Updates][Adds][Deletes]にチェックが付いていることです。例えば[Updates]のチェックが外れていると、AppSheetが社員名簿テーブルを更新できなくなります。デフォルト(初期値)ではこの3つにチェックが付いていますが、念のため確認してください。なお、一番左の[Read-Only]をクリックすると、左3つのチェックが外れてAppSheetがデータを参照することしかできなくなります。

　その下にもいくつかプルダウン式の項目がありますが、現時点で重要なのは[Localization]だけです。[Localization]⇒[Data locale]で、必ず[Japanese (Japan)]になっていることを確認してください(図4-3)。これは日付表記や金額表記を日本語向けにするためです。

　続いて、カラムの設定に進みます。タブメニュー ⇒[Columns](または、社

員名簿タイルの右上にある［View Columns］をクリック）でカラム一覧画面を表示します（図4-4）。

○図4-2：社員名簿テーブルの設定

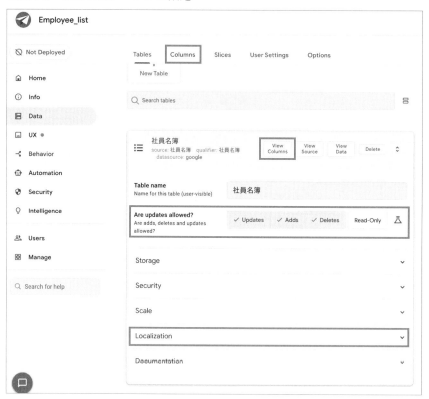

○図4-3：［Localization］の設定

○図4-4：カラム一覧

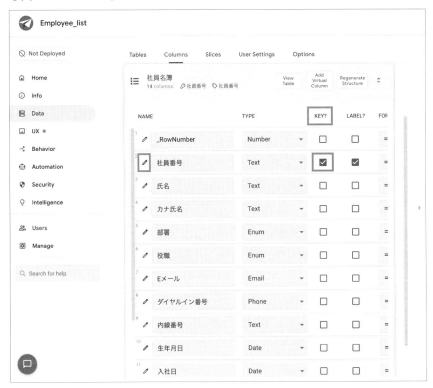

カラムの設定

　図4-4は横長で右にスクロールする画面ですが、各カラム左端の鉛筆マーク
をクリックするとカラムに関するすべての情報を参照／設定できます。また、
社員番号に［KEY?］にチェックが付いているのは、社員番号カラムがユニーク
な（＝レコードを一意に特定できる）値であるべきことを意味しています。デー
タベースの世界では"ユニークキー"と呼びます。

　それでは、修正が必要そうなカラムに1つずつ順に手を入れていきます。

● 社員名簿：社員番号（図4-5）

　図4-4の［社員番号］の左端の鉛筆マークから詳細設定画面を表示します。

　［Type］を「Number」から「Text」に変更します。Number型だと数値特有のいくつかの設定が必要になります。今回の社員番号はとくに計算に使用するわけではないので、もっともシンプルな「Text」にします。また、［Show ？］にチェックが付いているのは、社員番号カラムを画面に表示するという意味です。後述しますが、ここに表示する／しないの条件式を埋め込んでコントロールすることもできます。今回は特別なカラム以外はすべて［Show ？］をチェックのままにしてください。［Type Details］で桁数の最大値と最小値を設定します。社員番号は6桁なのでどちらも「6」にします。

　入力が終わったら画面右上の［Done］を押してカラム一覧へ戻ります。以降でも、各カラムの設定が終われば同様に［Done］をして設定完了してください。

○図4-5：社員名簿：社員番号

●社員名簿：部署（図4-6）

同様に［部署］の左端の鉛筆マークから詳細設定画面を表示します。

○図4-6：社員名簿：部署

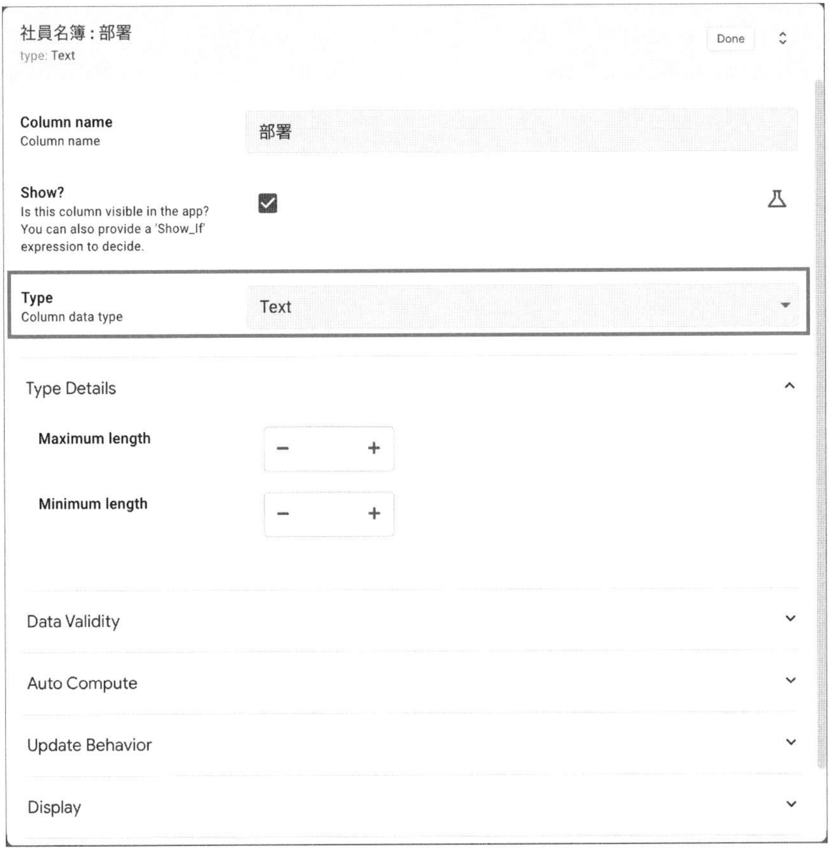

［Type］を「Text」から「Enum」に 変 更 し ま す（図 4-7）。Emun と は 列 挙 型（enumerated type、またはenumeration type）で、あらかじめ設定した値リストから選択形式で入力できるようにします。アプリの要件では、会社の部署が9つに決まっているので、入力時に手入力してもらうよりも、リストから選択入力するほうがラクになりますね。

［Type］を「Enum」に変更すると、［Type Details］」に［Values］と［Add］ボタン

○図4-7：社員名簿：部署（［Type］⇒「Enum」）

が現れます。［Add］ボタンを押すと値を入力するフィールドが現れるので、部署名を入力して［Add］で追加する操作を繰り返し、すべての部署名（「社長室」「総務部」「人事部」「経理部」「営業部」「カスタマーサービス部」「物流部」「マーケティング部」「システム部」）を入力してください（図4-8）。なお、一度入力した項目を削除する場合は右端のゴミ箱マークをクリックし、項目の表示順序を変えたい場合は左端のサイコロマークをドラッグします。

　［Allow other values］と［Auto-complete other values］はチェックしないでください。ここをチェックするとリストにない値の入力が許可され、さらにスプレッドシートにリスト以外の値が入っていれば選択肢として表示されてしまいます。

　［Base type］と［Input mode］はそのままにしておいてください。

○図4-8：社員名簿：部署（部署名を入力）

● ダイヤルイン番号（図4-9）

「Type」を「Text」から「Phone」に変更します。［Callable］にチェックを入れる
と、AppSheetアプリで社員名簿の詳細画面を表示した際、電話番号の横に電話
マークが表示されます。なお、［Textable］にチェックを入れると、相手が携帯
ならショートメッセージを送信できます。今回は会社のダイヤルイン番号を想
定しているのでチェックはしません。

○図4-9：社員名簿：ダイヤルイン番号

●内線番号（図4-10）

　［Type］を「Number」から「Text」に変更して、最大桁数を「3」にします。また、［Data Validity］を開いて［Require？］のチェックを外します。

●生年月日（図4-11）

　生年月日は少し難しい設定をします。なぜなら、アプリの要件として「生年月日」と「住所」は人事部と本人にしか見せないためです。条件によって表示する／しないを「Show？」の部分で記述します。AppSheetはそのための構文や関数が多数用意されていて、ノーコード開発といってもやはり若干のコードを書く必

○図4-10：社員名簿：内線番号

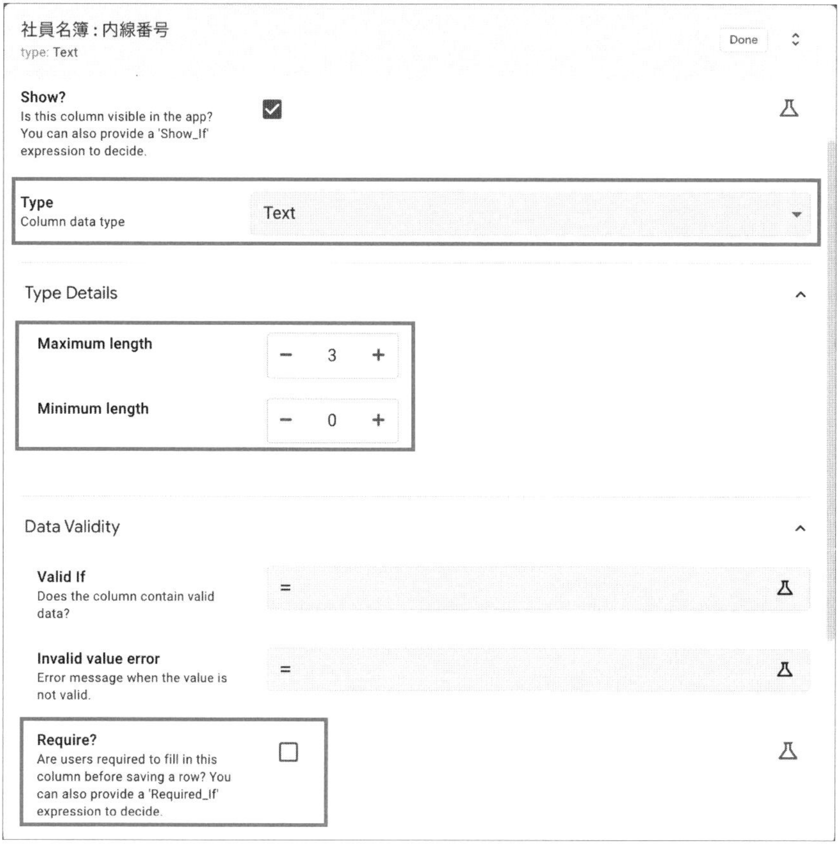

要があります。ただし、どれもスプレッドシートの関数レベルのものなので、本書でアプリを作りながら徐々に習得してください。

それでは「Show？」の右端にあるフラスコマークをクリックしてください。今までチェックボックスだった場所が[＝]で始まるフィールドに変わります（図4-12）。

さらに[＝]をクリックすると[Expression Assistant]画面が表示されます（図4-13）。この[Show_If expression for column 生年月日（Yes/No）]の入力フィールドに条件式を書いて、生年月日を表示する／しないを制御します。条件式のことを、AppSheetでは"Expression"と呼び、どの画面でもフラスコマークが表

示されているフィールドにはExpressionを入力できると覚えておいてください。

図4-13には［Examples］と［Data Explorer］というタブもありますが、初めて条件式を入力するので、深く考えずに次の条件式を入力してください。

○図4-11：社員名簿：生年月日

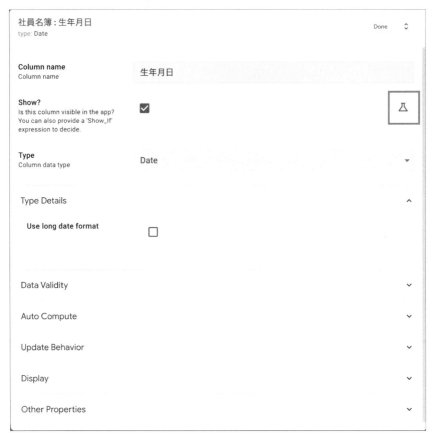

○図4-12：社員名簿：生年月日（Show？欄）

```
OR(ANY(SELECT(社員名簿[部署],[Eメール]=USEREMAIL())) = "人事部", [Eメール]=USEREMAIL())
```

※Expression内の英数字と記号はすべて半角入力にしてください（詳細は34ページを参照）。

　条件式の意味は「社員名簿を現在アプリにログインしているユーザーのEメールアドレスで検索して部署を取得し、その部署が人事部である。または、現在アプリにログインしているのユーザーのEメールアドレスと、画面に表示中の社員名簿レコードのEメールアドレスが等しい」となります。つまり、この条件（見ている人が人事部の社員または本人）に当てはまれば生年月日を表示します。

　条件式の入力と同時にAppSheetが構文解析をするので、何か誤りがあればエラー（図4-14）が表示され、正しい記述なら緑のチェックマーク（図4-15）が現れます。

○図4-13：社員名簿：生年月日（Expression Assistant）

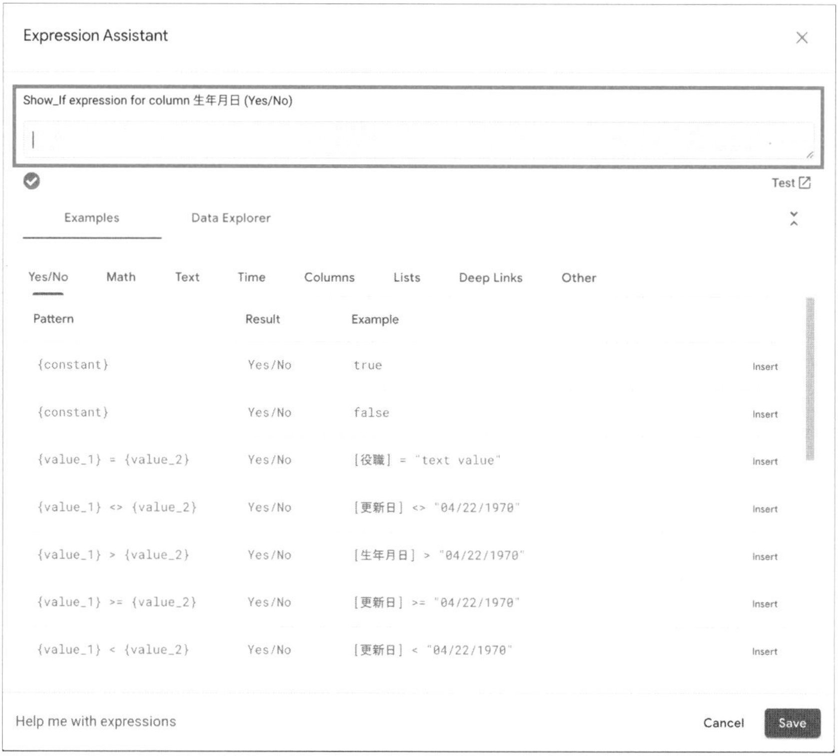

○図4-14：Expression Assistant（エラー時）

○図4-15：Expression Assistant（正常時）

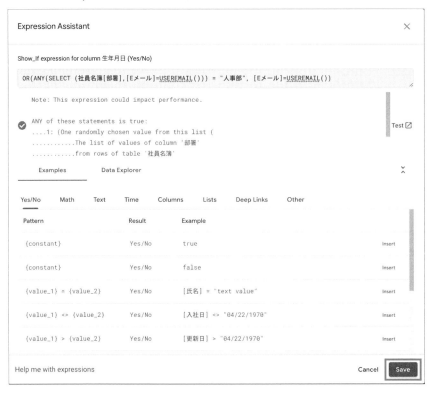

　構文チェックがOKなら［Save］ボタンを押して条件式を保存します。

Expression Assistantでの[Save]はあくまでExpression Assistant画面上での保存です。AppSheetサーバーに保存するには、メインメニューで必ず[Save]してください。

生年月日の詳細画面に戻ると、[Show？]に先ほど入力した式の一部が見えます(図4-16)。最後に[Done]を押してカラム一覧に戻ります。

○図4-16：社員名簿：生年月日(Show？欄：条件式入力後)

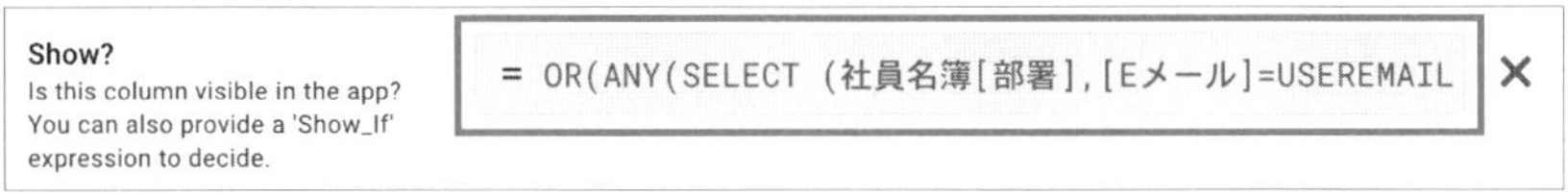

Show?
Is this column visible in the app?
You can also provide a 'Show_If'
expression to decide.

```
= OR(ANY(SELECT (社員名簿[部署],[Eメール]=USEREMAIL    ✕
```

●住所(図4-17)

AppSheetのマップ機能を有効にするため、[Type]を「Text」から「Adress」に変更します。

また、住所も「人事部と本人にしか見せない」ため、生年月日と同様に[Show？]に同じ条件式を入力します。

```
OR(ANY(SELECT (社員名簿[部署],[Eメール]=USEREMAIL())) = "人事部", [Eメール]=USEREMAIL())
```

Expressionの入力が終わったら[Save]を押して保存し、設定画面でも[Done]を押してカラム一覧に戻ってください。

○図4-17：社員名簿：住所

●**更新日**（図4-18）

社員情報が変更された日付を記録しておくカラムです。［Auto Compute］⇒
［Initial value］に次のExpressionを入力してください。

```
TODAY()
```

また、社員情報が変更されるたびに日付を更新するために、［Update Behavior］
⇒［Reset on edit？］にチェックを入れてください。

◯図4-18：社員名簿：更新日

Chapter 1
Chapter 2
Chapter 3
Chapter 4
Chapter 5
Chapter 6
Chapter 7
Chapter 8
Chapter 9
Chapter 10

　以上でカラム定義の修正は完了です。最後にAppSheet Editorメインメニューの［Save］を押してAppSheetサーバーへ変更した設定内容を保存してください。設定変更の途中でも［Save］できるので、PCフリーズなどの不測の事態によって作業を無駄にしないために比較的頻繁に保存するようにしましょう。

4-3 Viewを操作する

　AppSheetでは画面のことを"View"と呼びます。ここからは画面の表示を調整していきます。

　AppSheet Editorのペインメニュー ⇒［UX］⇒［Views］⇒［Primary Views］の「社員名簿」は、AppSheetがスプレッドシートを読み込んだ際に自動的に作成したViewです（図4-19）。このひな形を元にもとにより使いやすいView（画面）に修正していきます。

○図4-19：View一覧

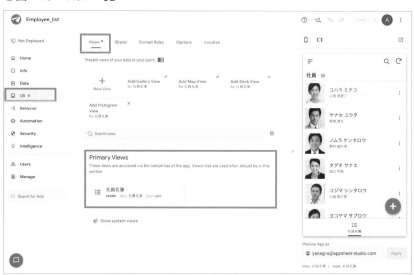

「社員名簿」タイルをクリックするとView詳細画面が現れます（図4-20）。縦長の画面なので下にスクロールしながら見てみましょう。

○図4-20：社員名簿：Viewの詳細

View Type

AppSheetには10種類以上の［View Type］が用意されています。今回、AppSheetは社員名簿のViewとして「Card」が適切であろうと判断したので、このまま進めます。

View Option

画面を下にスクロールしてゆくと［View Option］があります（図4-21）。ここではCard Viewにカラムをどのように表示するかや、○○の部分で××の操作すると△△の動作するかなどを定義します。

● Sort by

社員名簿をどのカラムでソートして表示するかを指定します。ここでは「生年

71

○図4-21：社員名簿：View Option

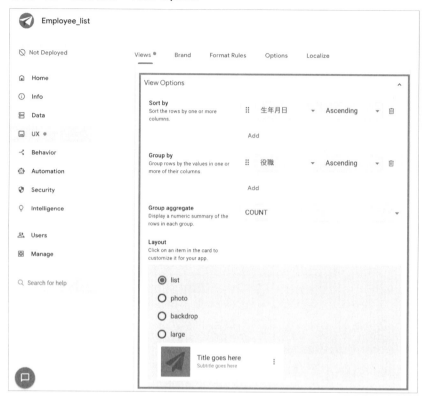

月日」で昇順（Ascending）にソートするようになっています。ここは「社員番号」で昇順にソートするように変更します。

● Group by

社員名簿をどのカラム値でグルーピングするかを指定します。ここでは「役職」でグルーピングして「役職」で昇順（Ascending）にソートするようになっています。ここは「部署」でグルーピングするように変更します。

● Group aggregate

グルーピングしたリストにグループごとに社員数を表示するようになっています。これはこのままにしておきましょう。

● Layout

Card Viewでは4種類のレイアウトを選べるようになっています。ここでは[list]のままにしておきます。

紙飛行機マークのタイル部分は、社員名簿を表示したときに何を表示するかを設定する部分です(図4-22)。[list]の場合は、次の設定ができます。

タイル内の何もない部分をクリックすると全体が青い枠線で囲まれ、右側に表示された[On Click]で何をするかをプルダウンから選択できます。ここでは[Go to details]のままにします。

[Title goes here]をクリックすると文字列が青い枠で選択され、右側には「カナ氏名」を表示するようになっています(図4-22❶)。社員名簿のタイトルでは漢字表記のほうが見やすいので、プルダウンリストから「氏名」に変更します。

[Subject goes here]は「氏名」になっているので「役職」に変更します(図4-22❷)。

タイル右端の縦に3つ点が並んだ部分(縦三点リーダー；図4-22❸)には[Action1]〜[Action3]の動作を定義できるようになっています。ここで定義したものは、社員の右端の縦三点リーダーをクリックしたときに、画面の最下部にメニューとして現れるようになっています(図4-23)。

○図4-22：社員名簿：View Option：Layout

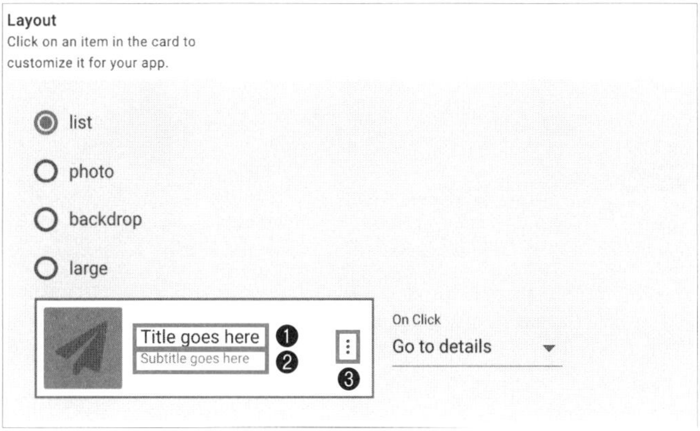

73

　［Action1］は「View Map（住所）」になっているので「Call Phone（ダイヤルイン番号）」に変更します。住所は一般社員には見せないアプリ要件のためです。同じ手順で［Action2］は「Compose Email（Eメール）」、［Action3］は必要ないので「None」（何も表示しない）に変更します。

　ここまでの作業で画面の見栄えや一部の機能制限についての修正はおおよそ完了しました。

○図4-23：Actionを表示したところ

プレビューで確認

　AppSheet Editorのプレビューで確認してみましょう（図4-24、図4-25）。社員名簿一覧の情報も見やすくなり、Actionの動作も設定どおりになっています。

　プレビューはViewの設定を変えるとすぐに反映されるので、設定を変更しながらViewの表示を確認できるのはとても便利です。

● ViewとTableの確認

　プレビューエリアの最下部には「View 社員名簿 | Table 社員名簿」と表示され

○図4-24：プレビュー

○図4-25：プレビュー（Action表示）

ています。これはプレビュー画面が社員名簿Viewを使って社員名簿テーブルを表示していることを表しています。

　今後、メインエリアでたくさんのテーブルやViewを扱うようになって、プレビュー画面がどのテーブルをどのViewで表示しているかがわからなくなった場合は、プレビューエリアの最下部を確認するようにしてください。

プレビューでユーザーの切り替え

　ユーザーによって特定の情報を表示／非表示にしたり、機能を使用可／使用不可にするなどのコントロールをする場合でも、プレビュー画面で簡単にユーザーを切り替えてテストできます。

　画面下部の［Preview App as］はアプリにログインしているユーザーを意味します。最初は開発用のGmailユーザーが表示されていますが、存在しないメールアドレスを入力して［Apply］しても問題ありません（図4-26）。つまり、［Preview App as］を社員名簿に存在するEメールアドレスでログインすれば、人事部ユーザーとしてのアプリテストや、一般社員ユーザーとしてのアプリテストをすることが簡単にできます。

　たとえば、社員名簿に存在している一般社員のメールアドレス（sakakibara-e@appsheet-studio.com）を入力して［Apply］し、自分自身の社員情報を開くと図4-27のようになります。図4-26と比べると「生年月日」と「住所」が表示されているのがわかります。それぞれのカラムの［Show？］に記述したExpression（人事部社

○図4-26：架空のアカウントの場合　　　○図4-27：本人のアカウントの場合

員と自分以外には生年月日と住所は見せない）がきちんと動作していることを意味しています。

　次に［Preview App as］で人事部の部長のEメール（moriyama-t@appsheet-studio.com）を入力して［Apply］してみます。設定どおり「生年月日」と「住所」が表示されています（図4-28）。さらに、住所フィールドの右端にあるピンマークをクリックしてみましょう。住所が地図上にマップされて表示されます（図4-29）。住所と地図との連携も問題なくできています。

　ひと通りテストが終わったら［Preview App as］を開発者用の自分のメールアドレスに戻しておいてください。

○図4-28：人事部長アカウントの場合　　○図4-29：住所からマップ表示

4-4 Actionを操作する

　ここまでで社員名簿アプリは完成したかのように見えますが、実はアプリ要件を満たすためには次のような動作をする必要があります。

- 社員名簿一覧画面の［＋］マーク（新規登録）は人事部社員だけに表示する
- 社員名簿詳細画面の［鉛筆］マーク（編集）と［ゴミ箱］マーク（削除）は人事部社員だけに表示する

　このような動作を制御させるためにActionを修正していきます。

　それではAppSheet Editorのペインメニュー⇒［Behavior］⇒［Actions］⇒［Show system actions］をクリックすると、いくつかのアクションがタイル上に表示されます（図4-30、図4-31）。

○図4-30：Behavior

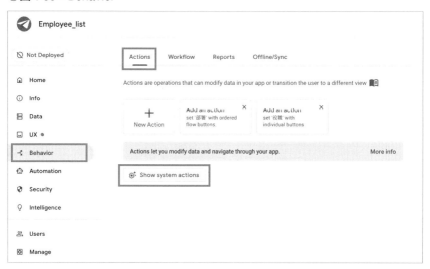

　図4-31はAppSheetがあらかじめ用意しているアクションで「System Action」と言います。ここでは、System Actionの中の［Add］［Delete］［Edit］をカスタマイズします。まず［Add］をクリックしてください。

○図4-31：System Action

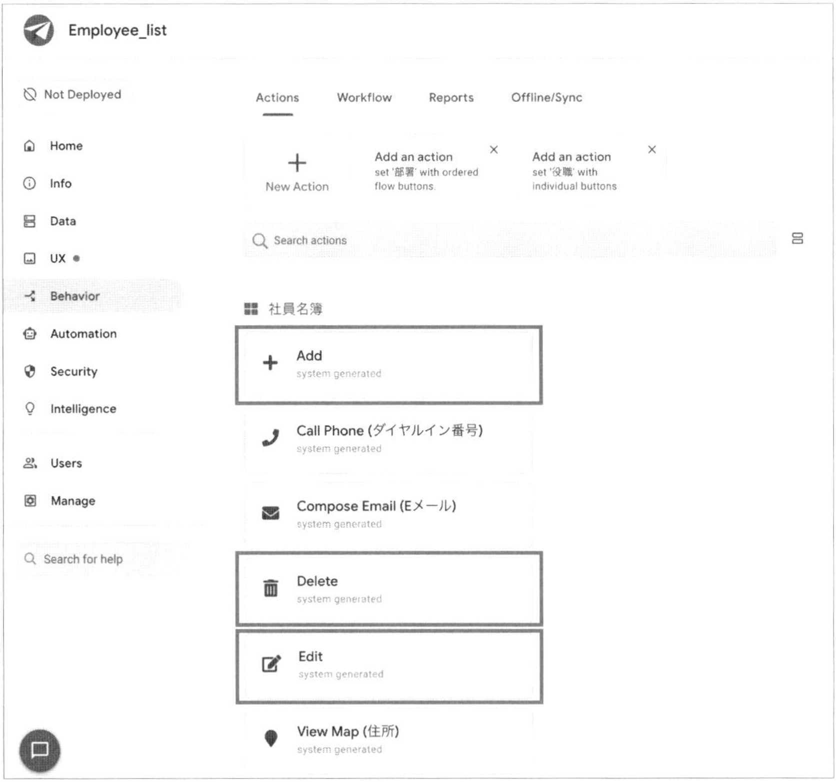

Addアクション

図4-32のメインエリアにある[Behavior]で展開された[Only if this condition is true]フィールドの右端にあるフラスコマークをクリックして、Addアクションを制御する条件式を入力します。

フラスコマークをクリックするとExpression Assistantが表示されるので、「人事部社員だけに表示される」条件式を入力します（図4-33）。入力したら画面右下の[Save]で条件式を保存してください。

```
ANY(SELECT (社員名簿[部署], [Eメール]=USEREMAIL())) = "人事部"
```

○図4-32：Add アクション

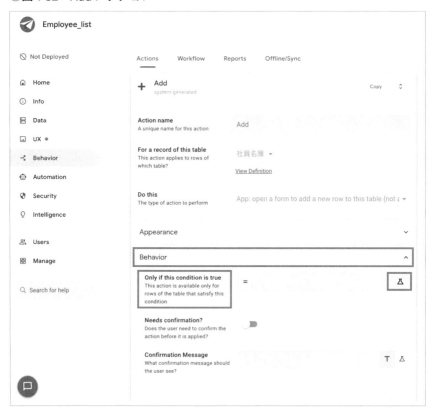

○図4-33：Expression Assistant

Deleteアクションと Editアクション

　同じ手順でDeleteアクションとEditアクションにも[Only if this condition is true]に同じ条件式を入力して保存します(図4-34、図4-35)。

　最後にメインメニューから[Save]を押せば完了です。

○図4-34：Deleteアクション

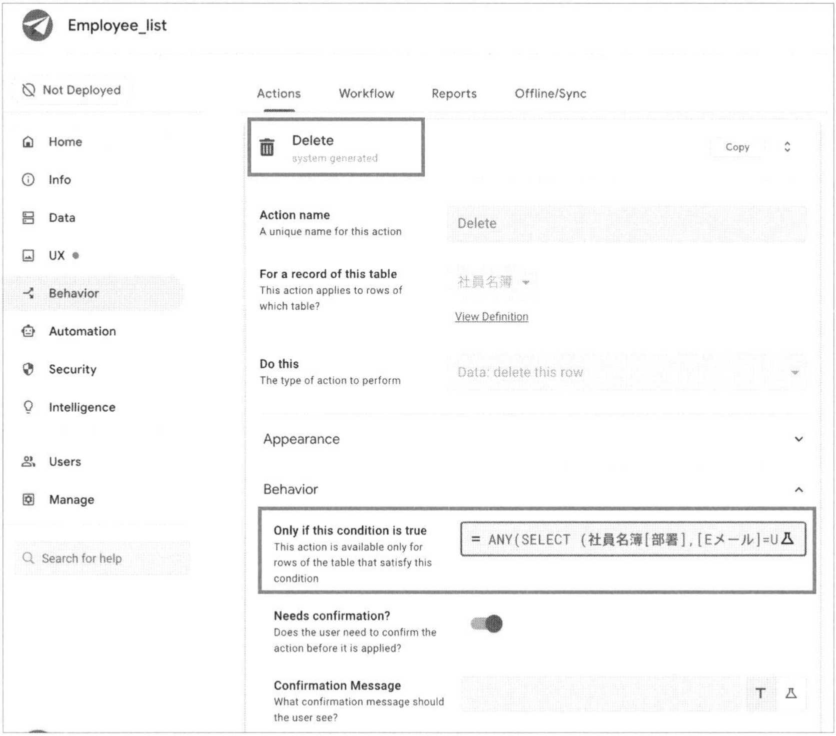

○図4-35：Editアクション

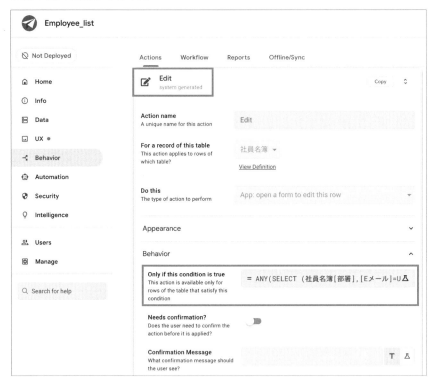

プレビューで確認

　プレビュー画面で表示を確認すると、社員名簿画面(図4-36)からは［＋］マークが、社員詳細画面(図4-37)からは［ゴミ箱］マークと［鉛筆］マークが消えているのがわかります。

○図4-36：社員名簿画面　　　　　　　○図4-37：社員詳細画面

4-5　スマホでアプリを動かしてみる

開発したアプリのシェア

　アプリが完成したので、実際にユーザーにアプリをシェアしてモバイル端末で使ってみましょう。社員名簿にあるEメールアドレスは架空のものなので、実際にはアプリにログインできません。そこで自分で持っているGmailアドレスに対してアプリをシェアします。

　まずアプリをシェアするには、図4-38のメインメニューにある[＋人型]マークをクリックして図4-39を開き、自分がスマホで普段使っているGmailアドレスを入力して[Done]します。さらに図4-40の「私はロボットではありません」にチェックを入れて、[Send]ボタンをクリックします。

　その後アプリをシェアした相手のGmailアドレスに、招待メッセージとアプリのインストールのためのリンクが送信されます。

○図4-38：メインメニュー

○図4-39：Share app

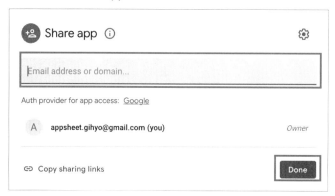

○図4-40：Share app（確認）

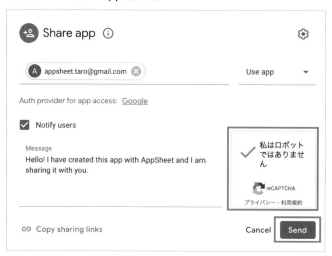

　作成したアプリを同僚とシェアしてトライアル的に利用する際にも、図4-39
でシェアする相手のメールアドレスをユーザーとして登録します。

　Freeプランの場合は、アプリがデプロイされていない前提で最大10名（開発

者自身である Owner を含む）までアプリをシェアできます。ただし、Automation
でのメール送信などに制限があるので注意してください。

●アプリのインストール

　図4-41はPC側で受信したメールですが、スマホでも同じメールを受信しま
す。スマホで［Install Employee_list］をタップすると、AppSheet アプリのイン
ストールを求められます。そのまま AppSheet アプリのインストールの手順に
進むと、社員名簿アプリをスマホで利用できます。

○図4-41：PCで受信した招待メール

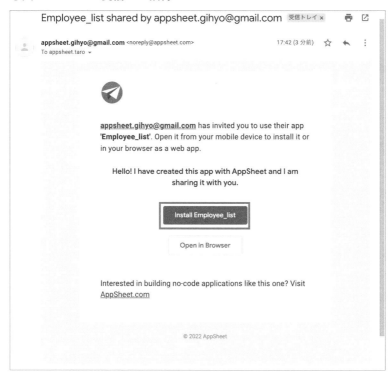

●シェアしているユーザーの確認

　現在シェアしているユーザーは、ペインメニュー ⇒［Users］で確認できます
（図4-42）。

○図4-42：Users

スマホ環境でのアプリ画面

では、筆者のスマホ（iPhone SE）の画面で社員名簿アプリを見てみます。

●アプリのインストールと動作確認

登録（シェア）されたユーザーには図4-43のようなEメールが届くので［Install Employee_list］をタップし、続いて図4-44のように「Open link in app？」と聞かれるので［Open］するとAppSheetアプリが起動します。PCのプレビューと同じアプリが起動しました（図4-45）。

社員名簿の詳細画面を開くと、仕様どおりにデータが表示されています（図4-46、図4-47）。

詳細画面の電話マークを押すとiPhoneの発信機能が作動し（図4-48）、Eメールマークを押すと即座にメール送信画面が立ち上がります（図4-49）。

社員名簿の一覧画面の右端（縦三点リーダー）をクリックしても電話とEメールを送信できます（図4-50）。

●ホーム画面にショートカット作成

社員名簿一覧画面の左上にあるメニュー表示アイコンをタップして図4-51を開き、［Add Shortcut］をタップするとアプリのショートカットをホーム画面に

追加できます。そうすると、アプリ起動時にわざわざEメールから辿る必要がなくなります。

　ここで少し気になるのはアイコンとアプリ名です。アイコンは社員名簿としてはしっくりこないデザインですし、アプリ名は英語です。

○図4-43：招待メール

○図4-44：起動確認

○図4-45：社員名簿アプリ

○図4-46：社員詳細画面 (1)

○図4-47：社員詳細画面 (2)

○図4-48：電話発信

○図4-49：メール送信

○図4-50：Actionの表示

○図4-51：アプリメニュー

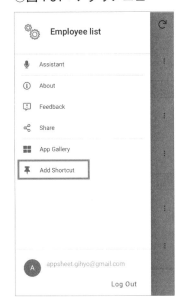

Chapter1
Chapter2
Chapter3
Chapter4
Chapter5
Chapter6
Chapter7
Chapter8
Chapter9
Chapter10

4-6　アイコン（ロゴ）とアプリ名を変更する

アプリは完成したので、最後にアイコン（ロゴ）とアプリ名を変更します。

アイコン（ロゴ）の変更

まずペインメニュー［Info］⇒ タブメニュー［Dashboard］を開きます（図4-52）。続いて、ロゴと「Employee_list」の左下にある［Edit logo］をクリックすると開く図4-53で、画面の色のトーンやロゴ、背景色などを変更します。

ここではロゴだけを変えたいので、［App logo］の右にある現在のロゴをクリックするとAppSheetであらかじめ用意されているロゴの一覧が表示されます（図4-54）。ここから「社員名簿アプリ」のイメージに相応しそうなロゴを選択します。筆者は図4-54 ❶を選択しました。

○図4-52：Dashboard

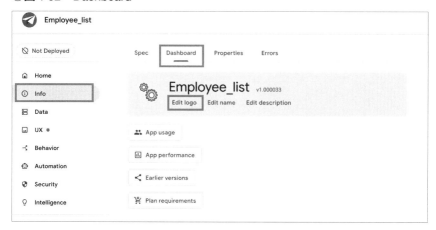

○図4-53：Brand

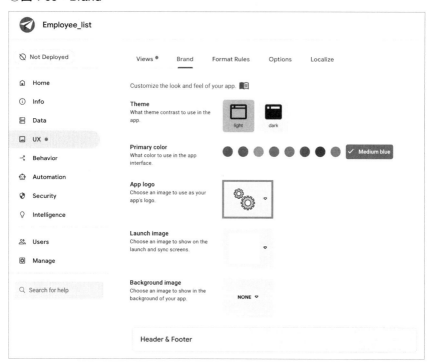

　なお、カスタムなロゴを表示したい場合は、［CUSTOM］（図4-54❷）で、ロゴを表示するためのURLを入力できます。

○図4-54：アイコン一覧

アプリ名の変更

　アプリ名は画面左上に表示されている「Employee_list」をクリックすると編集モードになるので「社員名簿」に変更します（図4-55、図4-56）。

○図4-55：アプリ名（変更前）

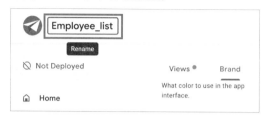

○図4-56：アプリ名（変更後）

アプリの上部にロゴとアプリ名を表示

　最後に図4-53にある［Header & Footer］から［Show view name in header］と［Show logo in header］をオンにして、アプリの画面上部にロゴと画面名が表示されるようにします（図4-57）。

　最後に忘れず画面右上の「Save」ボタンを押します。

○図4-57：Brand － Header & Footer

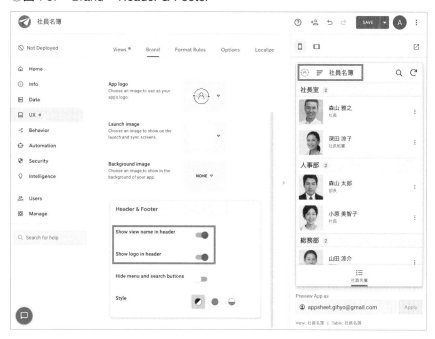

スマホで確認

　それでは、スマホのホーム画面に作成したアプリのショートカットから起動
してください。ショートカットを作成していなかった場合は、ユーザー登録時
にAppSheetから送信されたEメールからも起動できます。

　ロゴもアプリ名もきちんと変わっていますね（図4-58）。もし変更していない
場合は、画面右上にある丸型の矢印のアイコンを選択してみてください。これ
はSyncボタンで、AppSheetの設定やデータを最新の状態に更新するものです。

　最後に新しくアプリのショートカットを作成して、古いショートカットは削
除してしまいましょう（図4-59）。

　これでAppSheetアプリ第一弾の開発は完了です。なお、アプリを本番業務
で利用する際にはさらに「デプロイ（Deploy）」し、ライセンスを有償化したうえ
で利用することになります。

○図4-58：社員名簿アプリ（完成）

○図4-59：古いショートカット（左）と新しいショートカット（右）

C O L U M N

デプロイするとどうなるのか？

　AppSheetでは完成したアプリを利用して運用を開始するには、デプロイする必要があります。作成したアプリをデプロイすることにより、アプリの挙動は次のようになります。

● 課金が開始される

　AppSheetの利用金額は、デプロイしたアプリを対象として利用ユーザー数が集計されて算出されます。集計結果が購入したライセンスを超過する場合、アプリが即時停止されるわけではありませんが、不足ライセンス数の購入が促されます。

　デプロイしない限りはライセンスの問題は発生しませんが、アプリをシェアできる人数は最大10名となります。

● メール、Notificationなどの配信が指定する送信先に通知される

　Automation Botで設定するメールやNotificationなどの配信系タスク内で指定した送信先は、デプロイされていないアプリでは無視され、アプリの作者にしか配信されません。

　デプロイすると指定した送信先に配信されます。

● デプロイが必要な機能

　次の機能を動作／運用するにはデプロイが必要になります。

- Automationでスケジューリング実行するBOTの運用やSalesforceのデータ変更検知など
- Twilioとの連携
- Automation Botで1,000行以上のレコードに対する処理の実行（デプロイ後は最大10,000行まで実行可能）
- Address型カラムを緯度経度に換算し、Mapにピンとして表示するため

のジオコーディング（デプロイしないと一部の住所の値しかジオコーディングされない）

● **ライセンスの購入方法**

有償プランのうち「Starter」と「Core」の購入は、アプリの作成者のアカウントの［My Account］⇒［Billing］からプランとライセンス数を選択し手続きできます（図4-A）。

○図4-A：ライセンスの購入

Chapter 5

[カンバン式 問い合わせ管理アプリ①] データを準備しよう

アプリの要件とGoogleフォームの作成

本章から新たに「カンバン式問い合わせ管理アプリ」を作っていきます。最初にアプリのイメージを説明してからGoogleフォームの作り方、アプリで利用するデータの読み込みまで進めます。

本章のアプリはChapter 3〜4で作成した社員名簿のデータ（スプレッドシート）を利用しています。

5-1　アプリのイメージを理解する

　一般的には、どこの会社のホームページにも、顧客やユーザーからの問い合わせを受け付けるWebページがあるでしょう。顧客が質問や個人情報をフォームに書き込んで送信すると、問い合わせ担当者と顧客との間でメールや電話でのやり取りが始まります。

　本章からは、このような対応をする担当部署(本書では「カスタマーサービス部」)向けの問い合わせ管理システムを作っていきます。

システム構成

　カンバン式問い合わせ管理アプリのシステム構成は図5-1のとおりです。顧客からの問い合わせの入口はGoogleフォームを利用します。

○図5-1：カンバン式問い合わせ管理アプリ (システム構成)

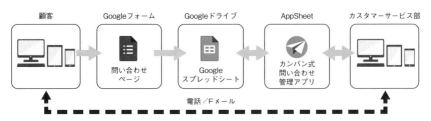

問い合わせの入口は「Googleフォーム」

　Googleフォームで受け付けた内容は、Googleスプレッドシートで収集し、AppSheetで作成した問い合わせ管理システムと連携させます。

　なぜ、問い合わせフォームも含めてAppSheetだけで作らないのでしょうか。それはGoogleフォームが基本無料だからです。もちろんAppSheetでも受付フォームは簡単に作れます。しかし、不特定多数の顧客にフォームを公開しようとすると、莫大な数のAppSheetライセンスが必要になってしまうことから現実的ではありません。

AppSheetはGoogle Workspaceが提供するさまざまなアプリケーションと連携できます。本章で取り上げるアプリではGoogleフォームとAppSheetの連携の一例です。

カンバン式とは

アプリ名にある「カンバン式」とは、昨今、モダンなアプリケーションで見られる「カンバンボード」と言われる作業／タスクを視覚化するものです(図5-2)。進行中のタスクをグループ分けして表示し、データへのアクセスや識別性を高め、データ検索や修正を含めたタスクのステータス管理を容易にするユーザーインターフェスです。

顧客からの問い合わせは、会社にとって対応が必要なタスクで、対応状況(ステータス)もバラバラです。カンバンボードを利用して、ステータス別に円滑なタスク管理を支援するアプリを作成してみましょう。

○図5-2：カンバンボード (イメージ)

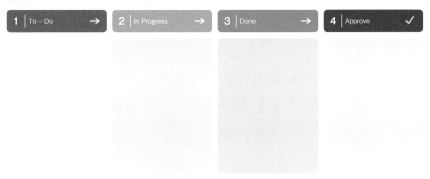

AppSheetで作成する「カンバン式問い合わせ管理システム」は図5-3のようになります。Googleフォームで受け付けた内容を「未対応」「対応中」「対応完了」でステータスを管理します。

少々複雑な動きをするアプリですが、AppSheetを使えばプログラムコードを書くことなく驚くほど簡単に作成できます。本書の手順どおりに作業をしてもらえれば間違いなく完成するので、がんばって最後まで挑戦してみてください。

○図5-3：カンバン式問い合わせ管理画面

5-2 Googleフォームで問い合わせ受付フォームを作る

　それでは、まずは受付フォームを作成しましょう。フォームの入力内容は表5-1とします。

○表5-1：フォーム名：お問い合わせ

質問順序	質問内容	回答方式	回答候補	必須
1	対象製品	プルダウン	「商品A」「商品B」「商品C」「商品D」「商品E」「その他商品」	○
2	お問い合わせの種類	プルダウン	「商品不具合」「在庫状況」「商品情報」「カタログ請求」「配送状況」「返品/交換」「その他」	○
3	お問い合わせ内容詳細	段落	記述式テキスト（長文回答）	○
4	お名前	記述	記述式テキスト（短文回答）	○
5	お電話番号	記述	記述式テキスト（短文回答）	○
6	Eメールアドレス	記述	記述式テキスト（短文回答）	○
7	ご住所	記述	記述式テキスト（短文回答）	
8	ご希望の連絡方法	ラジオボタン	「電話」「メール」「訪問」	○

　フォームを作成するにあたって、GoogleドライブでChapter 3〜4：社員名簿アプリを作成したフォルダ（［マイドライブ］⇒［AppSheet-Studio］）を開いてください。同じ場所にフォームを作成します。

Googleフォームを新規作成

　画面左上の［＋新規］⇒［Googleフォーム］⇒［空白のフォーム］を選択します（図5-4）。

○図5-4：Googleフォームの新規作成

　空白のフォームが開いたら、フォームのタイトルを「お問い合わせ」とし、表5-1を見ながらすべての質問を作成してください（図5-5）。右横のツールバーで［＋］をクリックすると次の質問を作成できるので、同じ要領で質問8まで作成してください。

　質問の入力が完了したら、画面上部の「回答」をクリックして図5-6を表示します。［スプレッドシートマーク］をクリックすると、図5-7のように聞かれるので［新しいスプレッドシートを作成］を選択して［作成］します。

○図5-5：お問い合わせフォーム

○図5-6：お問い合わせフォームー回答

○図5-7：回答先の選択

作成されたスプレッドシート

　Googleフォームを新規作成すると、「ファイル名：お問い合わせ（回答）／シート名：フォームの回答 1」というスプレッドシートが自動的に作成されて開きます（図5-8）。

○図5-8：自動作成されたスプレッドシート

　図5-8を見ると、先ほど作成した質問のタイトルが1行目に入っています。先頭のカラムには入力日時を記録するタイムスタンプが挿入されています。

　顧客が問い合わせフォームを送信すると、このスプレッドシートにデータが格納されることになります。また、これから作成するAppSheetアプリもこのスプレッドシートを使って問い合わせを管理します。

なお、現状のファイル名とシート名はAppSheetアプリと連携するうえであまり適切ではないので、次のように変更してください。

- ファイル名：問い合わせ管理
- シート名：問い合わせ

問い合わせフォームの動作確認

では作成した問い合わせフォームから問い合わせを入力して、きちんとスプレッドシートにデータが入ることを確認します。画面右上にある［目の玉］マーク（図5-6）がプレビューボタンです。ここから実際に問い合わせフォームから送信できます（図5-9）。

問い合わせの項目をすべて入力して［送信］し、図5-10が出れば送信完了です。

ではスプレッドシートを見てみましょう（図5-11）。2行目に入力したデータが入っていることが確認できます。

最後に図5-6の［送信］ボタンを押すと図5-12のようにフォームのURLが表示されるので、これをコピーしておき、いつでも問い合わせフォームからデータを入力できるようにしておいてください。

○図5-9：問い合わせフォーム（プレビュー）

104

○図5-10：送信完了

○図5-11：問い合わせ管理スプレッドシート

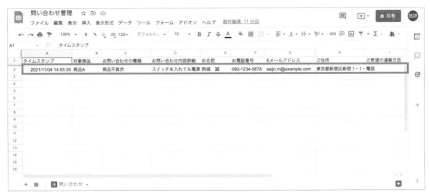

○図5-12：問い合わせフォームのURL

5-3 AppSheetアプリ用のデータを準備する

AppSheetで作成する問い合わせ管理アプリは、Googleフォームで作成された「問い合わせ管理」スプレッドシートをベースにします。ここでは、「問い合わせ」シートのカラムを追加し、「対応内容」シートを追加します。

- 問い合わせ管理スプレッドシート
  問い合わせシート（カラム追加）
  対応内容シート（追加作成）

また、「問い合わせ」シートと「対応内容」シートの「担当者」には、Chapter 3〜4で作成した「社員名簿」スプレッドシートからメールアドレスを参照します。

問い合わせシートにカラムを追加

Googleフォームで作成された「問い合わせ管理」スプレッドシート：「問い合わせ」シートのカラム末尾（J列以降）に、表5-2を追加してください。追加したカラムはAppSheetアプリで利用します。

○表5-2：問い合わせシート（カラム追加）

カラム位置	タイトル	説明	
J	ステータス	この問い合わせがどのような状態かを示す情報。次のいずれかの値を持つ	
		ステータス	説明
		ブランク	フォームから入力されただけの状態
		未対応	受付けされて担当者がアサインされただけの未着手の状態
		対応中	担当者が対応中の状態
		対応完了	顧客への対応が完了した状態
K	担当者	カスタマーサービス部の担当者のEメールアドレス	
L	完了日	この問い合わせが対応完了となった日時。ステータスが「対応完了」になったら自動的に入力されるようにする	

○図5-13：問い合わせシート（カラム追加）

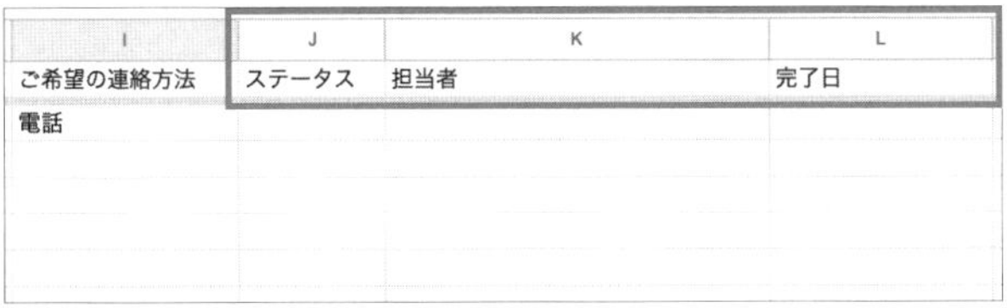

I	J	K	L
ご希望の連絡方法	ステータス	担当者	完了日
電話			

対応内容シートを追加作成

　続いて、「問い合わせ管理」スプレッドシートファイルに「対応内容」シートを追加します。1行目に表5-3を入力してください（図5-14）。

○表5-3：対応内容シート（追加作成）

カラム位置	1行目のタイトル	説明
A	受付ID	問い合わせシートと関連付けられるキー
B	対応ID	対応を識別するためのキーとなるユニークな値をシステムで入力する
C	対応種別	対応した際の手段。「電話」「メール」「内部メモ」のいずれか
D	対応内容	具体的な対応内容や内部的なメモ
E	担当者	対応したカスタマーサービス部の担当者のEメールアドレス
F	対応日	対応した日時

○図5-14：対応内容シート（追加作成）

5-4 AppSheetからスプレッドシートを読み込む

実はAppSheetはGoogleスプレッドシートから直接起動することもできます。

スプレッドシートからAppSheetを起動

問い合わせ管理スプレッドシートの問い合わせシートを開いた状態で、メニュー ⇒[拡張機能]⇒[AppSheet]⇒[アプリを作成]を選択します[注1]（図5-15）。AppSheetによるアプリのセットアップが始まり（図5-16）、セットアップ完了画面（図5-17）が出たら[Start Customizing]をクリックしてAppSheet Editorに進みます。

○図5-15：スプレッドシートからAppSheetを起動

○図5-16：アプリのセットアップ

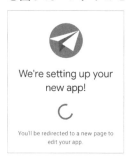

注1）メニュー[拡張機能]に[AppSheet]がない場合は[ツール]を確認してください。2021年11月現在、[ツール]から[拡張機能]に設定位置が段階的に変更されています。

○図5-17：セットアップ完了画面

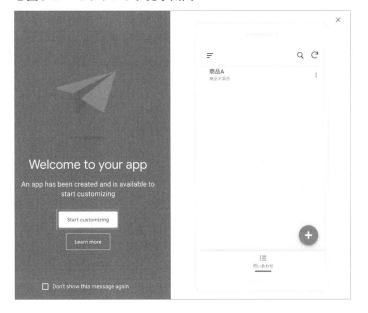

スプレッドシートの読み込み

●対応内容シート

　起動したAppSheet Editorから［＋New Table］で読み込むシートを選択して
もよいのですが、AppSheetが「問い合わせ」スプレッドシートファイルに「対応
内容」シートが含まれていることを認識して、［Add Table"対応内容"］というオ
ススメを表示してくれます（図5-18）。こちらをクリックすると、図5-19のとお
り簡単に読み込めます注2。

●社員名簿

　続いて「社員名簿」を読み込みます。「対応内容」タイルを閉じると、画面一番
上に［＋New Table］があるのでクリックします。どこからデータを読み込むか
を聞いてきますので［Sheets on Google Drive］を選択します（図5-20）。

注2）　もし［Add Table"対応内容"］が表示されていない場合は、後述の「社員名簿」と同様の方法でシートを指定し、
　　　［Update］［Add］［Delete］のすべてを許可して読み込んでください。

○図5-18：対応内容テーブルの追加

○図5-19：対応内容テーブル

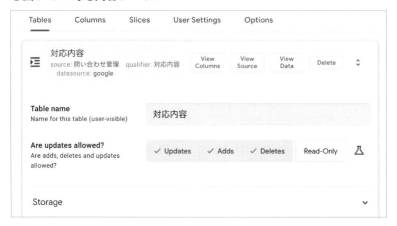

○図5-20：データの読み込み場所の選択

Get data from...

Sheets on Google Drive Documents on Google Drive

+

　次にファイルを選択します。Chapter 3で作成した「社員名簿」ファイルを選択して[Select]をクリックします(図5-21)。

　読み込みが進むと図5-22が表示されます。ここでは「社員名簿」は参照するだけなので[Read-Only]ボタンを選択して[Add This Table]をクリックします。

　ここまでの作業で最終的に図5-23のように3つのテーブルができていればOKです。

○図5-21：ファイルの選択

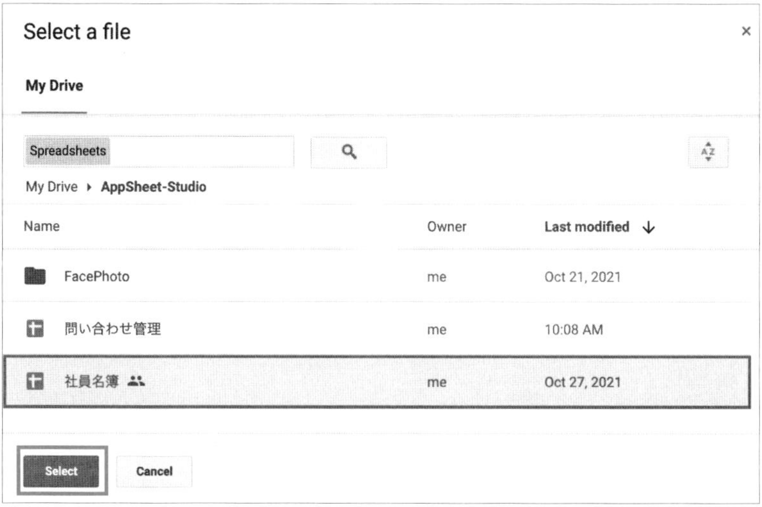

○図5-22：社員名簿テーブルの作成

○図5-23：3つのテーブル

◆◆◆

　社員名簿はChapter 3〜4の社員名簿アプリと同じスプレッドシートを共有するので、社員名簿アプリでデータが更新されるとこちらのアプリにも更新内容が反映されます。

　また、社員名簿は本書で取り上げる3つのサンプルアプリで共有するので、社員名簿のスプレッドシートのカラムや置き場所を変更しないようにしてください。変更すると他のアプリが動作しなくなることがあります。

◯ COLUMN

カラムを追加したらリジェネレートする

開発の過程で、あるテーブルのカラムを追加／削除したり、カラムの名称をスプレッドシート上で変更することはよくあることです。たとえば、スプレッドシートのカラム名称の構造（通常は1行目）を変更するとエラーが発生します。これは AppSheet 内のテーブルのカラム構造とスプレッドシートのカラム名称を含む構造が一致しないためです。

つまり、すべての AppSheet のテーブルは、スプレッドシートや SQL などのデータベースから生成されアプリの土台となっているのです。

このような場合に必要となる作業がテーブル構造の REGENERATE（リジェネレート）です。

スプレッドシートのカラム構造を変更したら、すぐに [Data] ⇒ [Columns] タブ ⇒ 対象のテーブルを選択して [Regenerate Structure] をクリックし、最新のスプレッドシートの構造をアプリのテーブルに反映させてください（図5-A）。

◯図5-A：[Regenerate Structure] ボタン

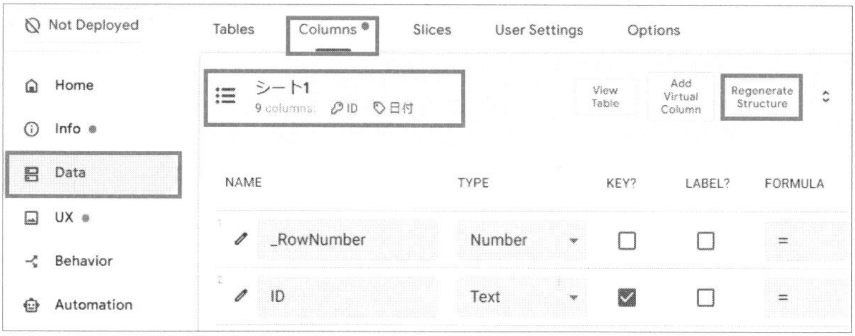

Chapter 6

［カンバン式
問い合わせ管理アプリ②］
細かく設定していこう

テーブルのカスタマイズと
Action／Sliceの作成

本章では利用するテーブルをアプリ用にカスタマイズします。さらに、
ActionやSlice（仮想テーブル）など基本的な設定が続きます。ほ
とんどが設定画面を操作するだけですので、本書のとおりに進めて
みてください。

6-1　社員名簿テーブル

　まず「社員名簿」テーブルのタイルを開いて［View Columns］をクリックします。カラム編集画面（図6-1）になったら、KEYを「Eメール」に変更します。次に「氏名」と「顔写真」をLABEL設定します。そのほかのカラムはChapter 4の社員名簿テーブルのTypeと同じ型に合わせておいてください（57ページ）。

○図6-1：社員名簿テーブル

6-2 問い合わせテーブル

次に問い合わせテーブルのカラムをカスタマイズします。「問い合わせ」テーブルのタイルを開いて[View Columns]⇒ カラム編集画面で、次のカラムを順にカスタマイズします。なお、紙面では設定画面の一部を掲載しているので、本文も確認しながら進めてください。

①タイムスタンプ

[Key][Label][Editable]のチェックを外します(図6-2)。さらに[INITIAL VALUE]の「NOW()」を消します(図6-3)。テーブルのキーは「受付ID」にするためと、タイムスタンプはGoogle フォームで受け付けた日が初めから入っているので変更不可とします。また、画面上の表示を「受付日」としたいので[DISPLAY NAME]に「受付日」を設定します。

○図6-2：タイムスタンプ (1)

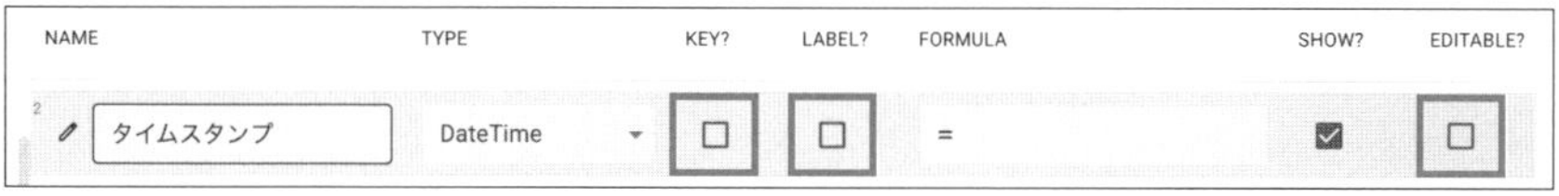

○図6-3：タイムスタンプ (2)

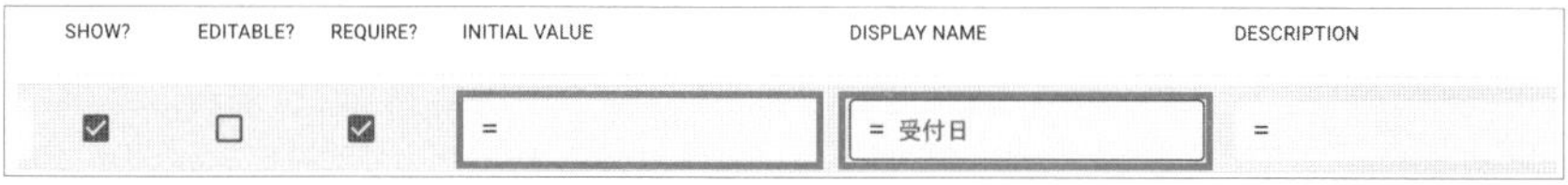

②対象商品

ドロップダウン入力にするため[Type]を「Enum」に変更し、[Values]にGoogle フォームで設定した「商品名」と同じ選択項目(100ページ)を追加します(図6-4)。[REQUIRE ?]にもチェックを入れます。

117

　［Allow other values］と［Auto-complete other values］にはチェックを入れず、［Base type］は「Text」を、［Input mode］は「Dropdown」を選択します（図6-5）。

○図6-4：対象商品 (1)

○図6-5：対象商品 (2)

③お問い合わせの種類

　ドロップダウン入力にするため[Type]を「Enum」に変更し、[Values]にGoogle
フォームで設定した「お問い合わせの種類」と同じ選択項目（100ページ）を追加
します（図6-6）。[REQUIRE?]にもチェックを入れます。

　[Allow other values]と[Auto-complete other values]にはチェックを入れず、
[Base type]は「Text」を、[Input mode]は「Dropdown」を選択します。

○図6-6：お問い合わせの種類

119

④お名前

「受付ID」カラムのところで説明しますが、「お名前」はキーの一部になるため編集できません。

⑤お問い合わせ内容詳細

Googleフォームから長文が入力されるので、[Type]を「LongText」に変更します(図6-7)。[REQUIRE？]にもチェックを入れます。

○図6-7：お問い合わせ内容詳細

⑥お電話番号

電話マークから簡単に電話をかけられるように[Type]を「Phone」に変更します(図6-8)。[REQUIRE?]にもチェックを入れます。

○図6-8：お電話番号

⑦ご住所

地図を表示できるように[Type]を「Address」に変更します(図6-9)。住所についてはGoogleフォームで任意にしているので[REQUIRE？]はチェックしません。

○図6-9：ご住所

⑧ご希望の連絡方法

　ドロップダウン入力にするため［Type］を「Enum」に変更し、［Values］にGoogle
フォームで設定した「ご希望の連絡方法」と同じ選択項目（100ページ）を追加し
ます（図6-10）。

　［Allow other values］と［Auto-complete other values］にはチェックを入れず、
［Base type］は「Text」を、［Input mode］は「Dropdown」を選択します。「REQUIRE?」
にもチェックを入れます。

○図6-10：ご希望の連絡方法

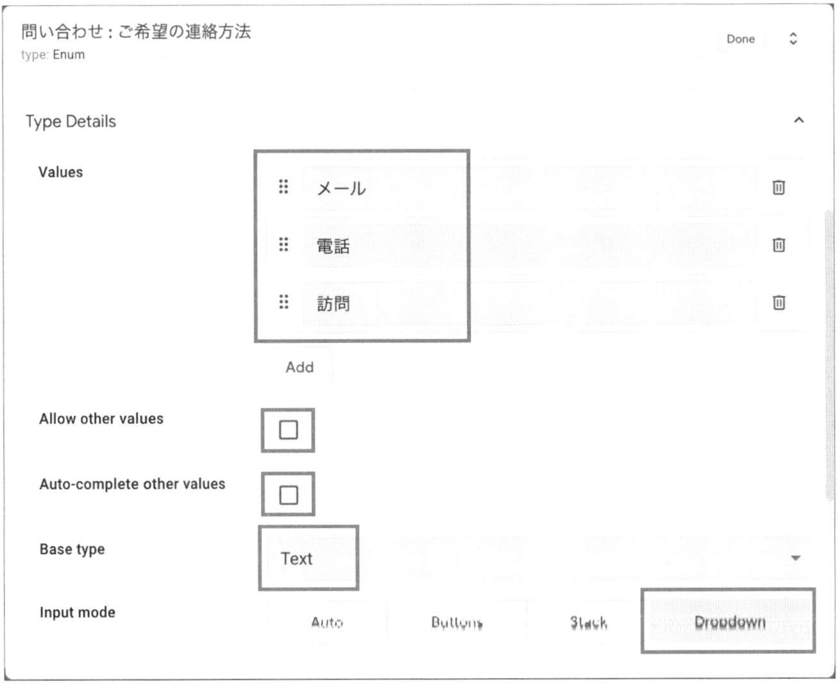

⑨ステータス

選択して入力にするため［Type］を「Enum」に変更し、［Values］に「未対応」「対応中」「対応完了」の選択項目を追加します（図6-11）。また、ボタン入力にするため［Input mode］で「Buttons」を選択します。［REQUIRE？］にもチェックを入れます。

○図6-11：ステータス（1）

●初期値設定

　ステータスはGoogleフォームでは設定していないので、初期値は空のはずです。そこで［Auto Compute］⇒［Initial value］で次の初期値を設定します。「もしステータスが空白だったら"未対応"を設定し、そうでなかったら現在のステータスをそのままにする」という意味です。

```
IF(ISBLANK([ステータス]),"未対応",[ステータス])
```

　併せて、［Update Behavior］⇒［Reset on edit ?］もチェックしておきます（図6-12）。チェックされていないと、問い合わせを編集画面を開いたときに［Initial value］の条件式が働きません。

○図6-12：ステータス（2）

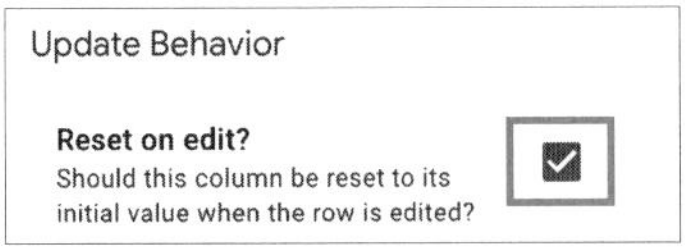

Update Behavior

Reset on edit?
Should this column be reset to its
initial value when the row is edited?

⑩担当者

　表示される担当者は、社員名簿に登録されているカスタマーサポート部の社員だけとします。社員名簿を参照するために［Type］を「Ref」に、［Source table］に「社員名簿」を選択します。
　また、表示する条件として［Valid if］に次の条件式を入力してください。「社員名簿から"部署がカスタマーサービス部のレコードだけ"を取り出す」という意味です。

```
SELECT(社員名簿[Eメール],[部署]="カスタマーサービス部")
```

　なお、社員名簿のキーはEメールアドレスにしているので、実際にカラムに

○図6-13：担当者

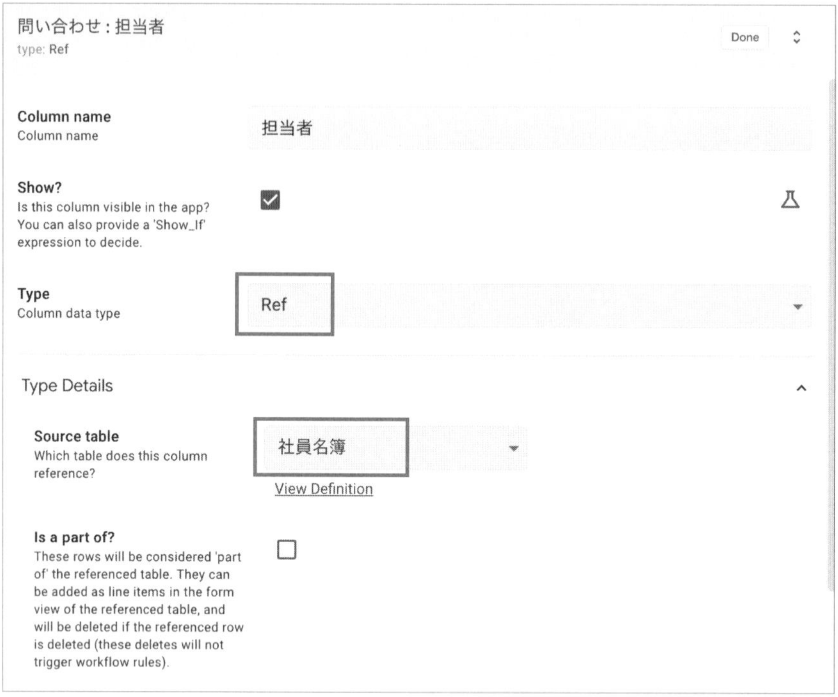

保存されるのはEメールアドレスになります。このアプリは、社員名簿にある
「カスタマーサービス部」での利用を想定し、各問い合わせに対する担当者はカ
スタマーサービス部に所属する社員のみに割り当てるための設定です。

⑪完了日

　［Type］を「Datetime」にします。

⑫受付経過日数

　「受付経過日数」はスプレッドシートのカラムには追加していません。つまり、
Virtual Column（存在しない仮想カラム）として問い合わせ受付日からの経過日
数を設定します。

● Virtual Columnの作り方

　問い合わせテーブルタイルの右上にある［Add Virtual column］をクリックして図6-14を表示して、［Column name］に「受付経過日数」を入力し、画面上部の［問い合わせ：New Virtual Column］あたりの帯状の部分をクリックしてカラム一覧に戻ります。

○図6-14：Virtual Columnの作成

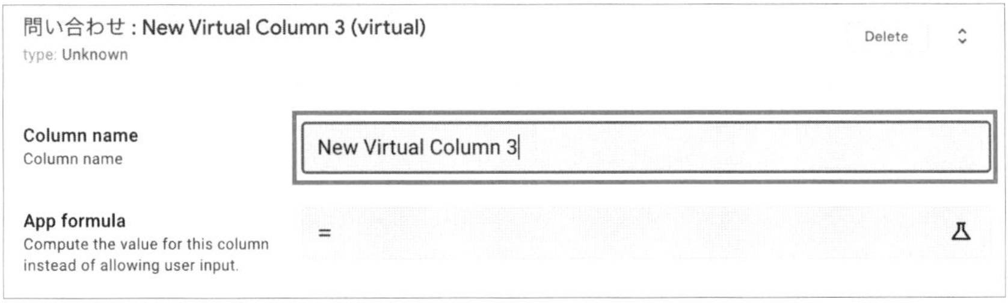

| 問い合わせ : New Virtual Column 3 (virtual) | | Delete | ⬍ |
type: Unknown			
Column name Column name	New Virtual Column 3		
App formula Compute the value for this column instead of allowing user input.	=		⚗

● Virtual Columnの設定

　作成したVirtual Columnは、通常のカラムと同様に設定できます。カラム一覧の「受付経過日数」（Virtual Column）の鉛筆マーク（左端）から設定画面を表示します。

　［Type］に「Number」を設定し、［App formula］に次の式を入力してください（図6-15）。本日の日時から受付日のタイムスタンプの差分を求め、一旦時間に変換して24時間で割って経過日数を算出しています。

```
HOUR(TODAY()-DATE([タイムスタンプ]))/24
```

⑬受付ID

　受付IDは問い合わせテーブルのキーとなります。Googleフォームからデータが入力される前提なので、そのままでは完全にユニークとなるデータがありません。そこで「タイムスタンプ」と「お名前」を文字列として連結させたVirtual Columnを作成してキーとすることにします。

○図6-15：受付経過日数

問い合わせテーブルタイルの右上にある［Add Virtual Column］で追加して、［Column name］は「受付ID」に、［Type］は「Text」に、［App formula］に次の式を入力してください（図6-16）。

```
CONCATENATE([タイムスタンプ],": ",[お名前])
```

この式は、「タイムスタンプ」カラムと「半角コロン＋半角スペース[注1]」と「お名

注1）　半角スペースにとくに意味はありません。本書では触れませんが、AppSheetが自動的に複合キーを作成する場合の形式に準じています。

前」カラムを連結しています。「タイムスタンプ」だけでは複数人が同時に問い合わせ入力した場合、ユニークさを保証するのは難しいので、苦肉の策としてここではタイムスタンプと名前を連結させてユニークキーとしました。

○図6-16：受付ID

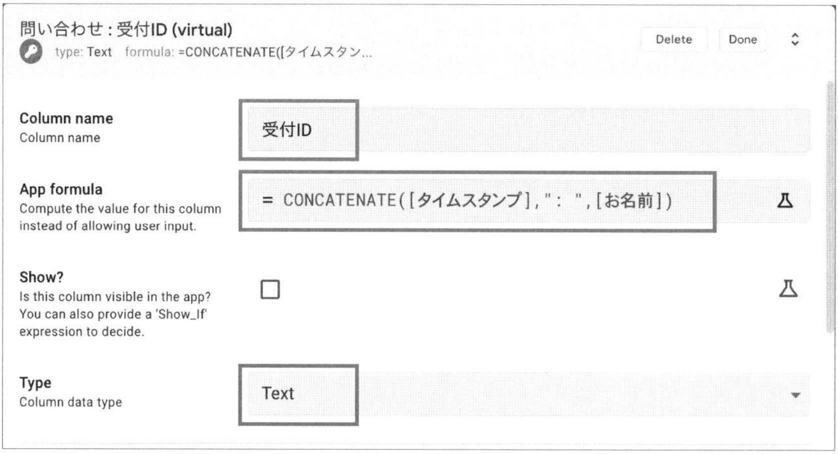

[App formula]に 式 が 入 力 で き た ら[Done]で 戻 り、[KEY？]と
[REQUIRE？]にチェックを入れてください。また、受付IDはシステムが内部的に使用するだけなのでユーザーに見せる必要はありません。そのため[Show？]からチェックを外してください。

6-3 対応内容テーブル

対応内容テーブルは前節の問い合わせテーブルを親とした親子関係になります。1つの問い合わせに対して複数の対応内容が存在する「一対多」の関係になります。

①受付ID

受付IDは問い合わせテーブルの受付IDを紐付けられ、問い合わせ画面を開くと図6-17のように最下部に対応内容の一覧が表示されます。

○図6-17：問い合わせテーブルと対応内容テーブルの関係

ここでは、図6-17のように表示させるための設定です。[Type]は「Ref」を、[Source table]は「問い合わせ」テーブルとします（図6-18）。

[Is a part of ?]はチェックを付けます。また、[EDITABLE ?]と[REQUIRE ?]にチェックを付け、それ以外はすべてチェックを外します。[EDITABLE ?]にチェックしていないと書き込まれないため、問い合わせテーブル側から参照できなくなってしまいます。

○図6-18：受付ID

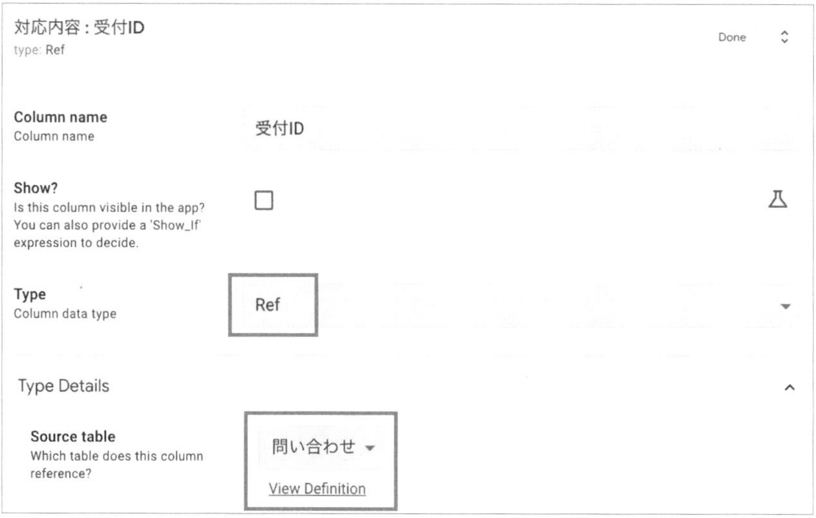

さて、ここで［Save］をして、問い合わせテーブルのカラム一覧を見てみましょう[注2]（図6-19）。テーブルの末尾にListカラムが追加されています。対応内容テーブルから問い合わせテーブルを参照するキーの設定をしたことで、AppSheetが自動的に作成したものです。「App Formula」には次の式が入っています（図6-20）。「"受付ID"をキーとして対応内容テーブルを参照する」という意味です。

```
REF_ROWS("対応内容", "受付ID")
```

②対応ID

対応内容テーブルのキーとなるので［KEY ？］にチェックします。ユーザーに見える必要はないので［SHOW ？］のチェックを外します（図6-21）。

また、初期値にユニークなIDを設定するため［Auto Compute］⇒［Initial value］にAppSheet関数である「UNIQUEID()」を設定します（図6-22）。

注2）黄色い帯が表示されますが、現時点の設定に対する警告です。今は無視してかまいません。

◯図6-19：問い合わせテーブルのカラム一覧

NAME	TYPE	KEY?	LABEL?	FORMULA	SHOW?	EDITABLE?
14 ✏ 受付経過日数	Number ▾	☐	☐	= HOUR(TODAY()-DATE([タ	☑	☐
15 ✏ 受付ID	Text ▾	☑	☐	= CONCATENATE([[タイムスタ	☐	☐
16 ✏ Related 対応内容s	List ▾	☐	☐	= REF_ROWS("対応内容", "	☑	☐

問い合わせ
16 columns: 🔑 受付ID 🏷 お名前

View Table　Add Virtual Column　Regenerate Structure

◯図6-20：問い合わせ：Related 対応内容

問い合わせ : **Related 対応内容s (virtual)**
type: List　formula: REF_ROWS("対応内容", "受付...

Delete　Done

Column name
Column name

Related 対応内容s

App formula
Compute the value for this column
instead of allowing user input.

= REF_ROWS("対応内容", "受付ID")

Show?
Is this column visible in the app?
You can also provide a 'Show_If'
expression to decide.

☑

Type
Column data type

List ▾

Type Details ︿

Element type

Ref ▾

Element type details ︿

Referenced table name

対応内容 ▾

View Definition

○図6-21：対応ID（1）

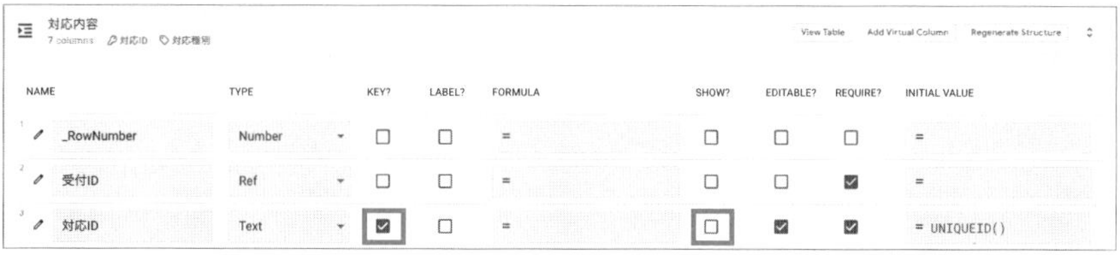

○図6-22：対応ID（2）

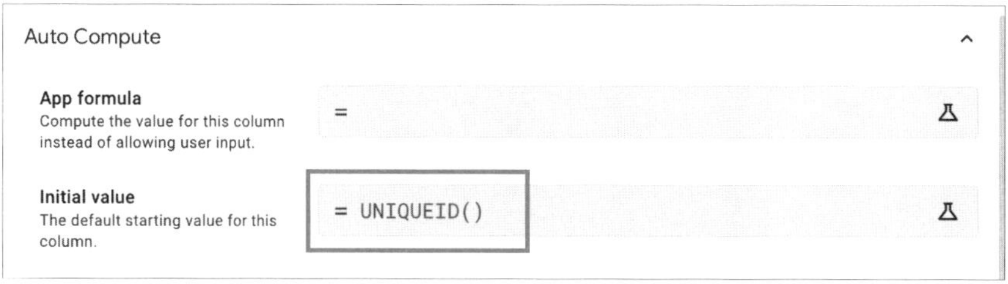

③対応種別

　ドロップダウンリストから選択できるように［Type］を「Enum」にして、［Values］に選択項目（「Eメール」「電話」「送付」「訪問」「内部メモ」「その他」）を設定します（図6-23）。［Input mode］は「Dropdown」にして、［Require？］はチェックを付けます。

④対応内容

　対応内容には長文を入れることを想定して［Type］には「LongText」を設定します。ただし必須入力項目ではないので、［Require？］のチェックを外します。

⑤担当者

　担当者は、社員名簿からカスタマーサポート部の社員を参照します。［Type］は「Ref」を選択し、［Source table］は「社員名簿」テーブルにします。

○図6-23：対応種別

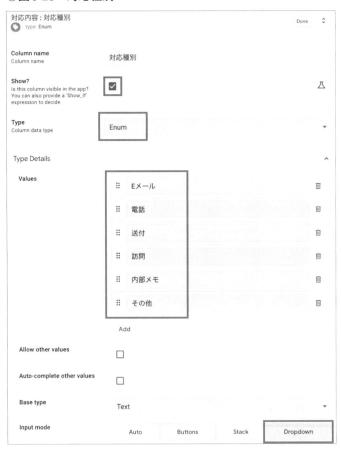

○図6-24：対応内容

○図6-25：担当者 (1)

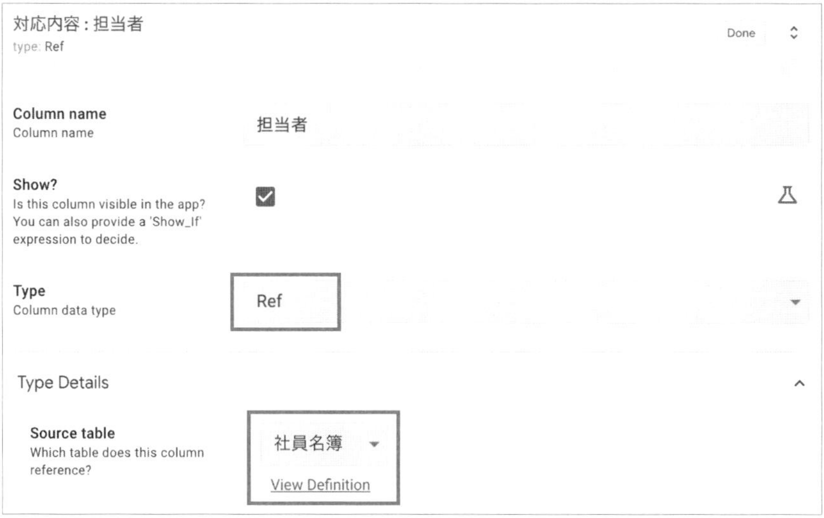

さらに、カスタマーサポート部の社員だけを表示するように［Data Validity］⇒［Valid if］に次の式を入力します（図6-26）。

```
SELECT(社員名簿[Eメール],[部署]="カスタマーサービス部")
```

○図6-26：担当者 (2)

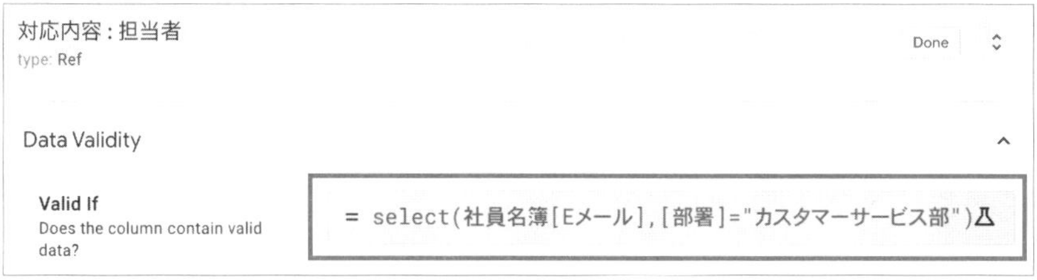

⑥対応日

［Type］を「Datetime」とし、［Auto Compute］⇒［Initial value］にAppSheet関数

の「now()」を設定します（図6-27）。こうすることで現在日時が自動的に入ります。また、［Update Behavior］⇒［Reset on edit ?］のチェックを外します（図6-28）。チェックが付いていると、編集画面のForm Viewでデータが編集されるたびに日時が更新されてしまいます。

○図6-27：対応日（1）

○図6-28：対応日（2）

◆◆◆

　ここまでで、3つのテーブル（「社員名簿」「問い合わせ」「対応内容」）の設定が完了しました。AppSheetがテーブルをもとに用意してくれた標準の画面を使えば、Googleフォームと連携して十分に使用できます。

6-4 Actionを作成する

Actionとは

　AppSheetにおけるActionとは、特定のカラムに値をセットしたり、特定の画面を呼び出したりする機能のことで、次の17種類から［Do this］の項目で定義できます（図6-29）。ここでは次の2つを利用します。

❶ Data: set the values of some columns in this row
（この行のいくつかのカラムに値をセットする）

❷ App: go to another view within this app
（このアプリ内の別のViewに画面遷移する）

○図6-29：Actionの一覧

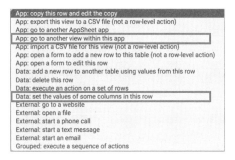

作成するAction

カンバン式問い合わせ管理アプリでは5つのアクション（「対応中へ進む」「対応完了」「対応中へ戻る」「未対応へ戻る」「対応を登録する」）を作成します（表6-1）。

○表6-1：作成するAction

No	Action name	定義するAction	説明
[1]	対応中へ進む		ステータスを"対応中"にする
[2]	対応完了		ステータスを"対応完了"にし、完了日を入力する
[3]	対応中へ戻る	❶	ステータスを"対応中"にし、完了日をクリアする
[4]	未対応へ戻る		ステータスを"未対応"にする
[5]	対応を登録する	❷	対応内容入力フォームを呼び出す

Actionの作成方法

AppSheet Editorのペインメニュー［Behavior］⇒［Actions］で［＋New Action］をクリックすると、New Action画面（図6-30）が開きます。

○図6-30：New Action

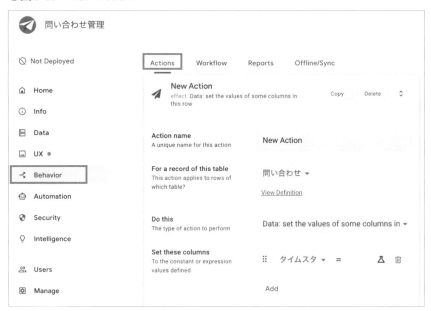

設定する内容は次項で説明しますが、［Do this］で定義する2つのActionで注意すべき点を説明します。

Action❶「Data: set the values of some columns in this row」の場合

［Set theses columns］には左項で値を変更したいカラムを選択し、右項は値を指定します（図6-31）。右項はフィールドをクリックすると表示されるExpression入力画面で式や値を入力します。このアクションが実行されると右項で指定した値やExpressionが評価され、左項で指定したカラムの値を更新します。

複数のカラムに値をセットする場合は［Add］をクリックします。

◯図6-31：Action「Data: set the values of some columns in this row」の場合

Action❷「App: go to another view within this app」の場合

[Target]にはExpression入力画面で次のように入力します（図6-32）。「受付IDに関連付けて"対応内容_Form"を呼び出す」という意味です。

```
LINKTOFORM("対応内容_Form", "受付ID", [受付ID])
```

これにより呼び出された先の「対応内容_Form」の「受付ID」には、このACTION実行時に表示していた「問い合わせ」レコードの受付ID（キー）が自動的に入り、レコード間の関連付けが行われます。

◯図6-32：Action「App: go to another view within this app」の場合

Actionの設定内容

それでは表6-1のActionを設定していきます。設定項目は次のとおりで、設定値は表6-2〜表6-6のとおりです。

①：[Action Name]

②：[For a record of this table]

③：[Do this]

④：[Set these columns]または[Target]

⑤：[Appearance]⇒[Action icon]

⑥：[Appearance]⇒[Prominence]

⑦：[Behavior]⇒[Only if this condition is true]

⑧：[Behavior]⇒[Needs confirmation?]

⑨：[Behavior]⇒[Confirmation Message]

　④は③の設定により読み替えてください。⑤[Action icon]はたくさん用意されているので、好みのアイコンに変更してもかまいませんが、View上に表示されるものになります。アイコンのテキスト入力欄でキーワードを入力すると絞り込まれるので、なるべく機能に則したものを利用しましょう。また、1つのACTIONの入力が完了したら必ず画面右上の[Save]を忘れないようにしてください。

○表6-2：【Action】[1] 対応中へ進む

項目	設定値
①	対応中へ進む
②	問い合わせ
③	Data: set the values of some columns in this row
④	ステータス=" 対応中 "
⑤	≫ （angle-double-right）
⑥	Display Prominently
⑦	true
⑧	ON
⑨	本当に対応中に変更しますか？

○表6-3：【Action】[2] 対応完了

項目	設定値
①	対応完了
②	問い合わせ
③	Data: set the values of some columns in this row
④	ステータス="対応完了" 完了日="NOW()"
⑤	✓ (check-circle)
⑥	Display Prominently
⑦	true
⑧	ON
⑨	本当に対応を完了しますか？

○表6-4：【Action】[3] 対応中へ戻る

項目	設定値
①	対応中へ戻る
②	問い合わせ
③	Data: set the values of some columns in this row
④	ステータス="対応中" 完了日=""
⑤	≪ (angle-double-left)
⑥	Display Prominently
⑦	true
⑧	ON
⑨	本当に対応中へ変更しますか？

○表6-5：【Action】[4] 未対応へ戻る

項目	設定値
①	未対応へ戻る
②	問い合わせ
③	Data: set the values of some columns in this row
④	ステータス="未対応"
⑤	≪　(angle-double-left)
⑥	Display Prominently
⑦	true
⑧	ON
⑨	本当に未対応へ変更しますか？

○表6-6：【Action】[5] 対応を登録する

項目	設定値
①	対応を登録する
②	問い合わせ
③	App: go to another view within this ap
④	LINKTOFORM("対応内容_Form", "受付ID", [受付ID])
⑤	☺　(smile)
⑥	Display Prominently
⑦	true
⑧	OFF

以上で5つのActionを作成できました（図6-33）。

○図6-33：作成されたAction一覧

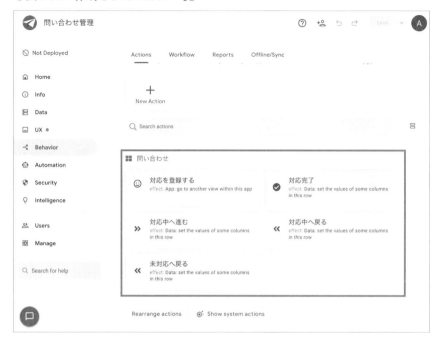

Chapter1
Chapter2
Chapter3
Chapter4
Chapter5
Chapter6
Chapter7
Chapter8
Chapter9
Chapter10

6-5　Sliceを作成する

Sliceとは

　Slice（スライス）とは仮想テーブルのことでAppSheetの重要な機能の1つです（図6-34）。実体テーブルから特定の条件でフィルターをかけて必要なカラムだけを取り出してSliceとして定義し、あたかもテーブルであるかのように使えます。

　Sliceの定義は、次章で作成するSlice用のView（画面）にも影響を与えます。View上でのフィールドの表示順序を変えたり、Viewで使用できるActionを制御することもできます。

○図6-34：実体テーブルとSlice（仮想テーブル）

問い合わせテーブル（実体テーブル）

問い合わせID	ステータス	A	B	C
問い合わせ1	対応完了	A	B	C
問い合わせ2	対応中	A	B	C
問い合わせ3	未対応	A	B	C
問い合わせ4	対応完了	A	B	C
問い合わせ5	未対応	A	B	C
問い合わせ6	対応中	A	B	C
問い合わせ7	未対応	A	B	C

Slice（仮想テーブル）

●ステータス＝"未対応"のSlice

問い合わせID	ステータス	A	B	C
問い合わせ3	未対応	A	B	C
問い合わせ5	未対応	A	B	C
問い合わせ7	未対応	A	B	C

●ステータス＝"対応中"でカラム順を変更したSlice

問い合わせID	ステータス	B	A	C
問い合わせ2	対応中	B	A	C
問い合わせ6	対応中	B	A	C

●ステータス＝"対応完了"でCとBカラムを選択したSlice

問い合わせID	ステータス	C	B
問い合わせ1	対応完了	C	B
問い合わせ4	対応完了	C	B

Sliceの設定内容

カンバン式問い合わせ管理アプリでは問い合わせテーブルから3つのSline（「未対応の問い合わせ」「対応中の問い合わせ」「対応完了の問い合わせ」）を作成します。作成方法は次項で説明します。

設定項目は次のとおりで、設定値は表6-7〜表6-9のとおりです。

①：［Slice Name］

②：［Source Table］

③：［Row filter condition］

④：［Slice Columns］

⑤：［Slice Actions］

⑥：［Update mode］

○表6-7：【Slice】未対応の問い合わせ

項目	設定値
①	未対応の問い合わせ
②	問い合わせ
③	OR(ISBLANK([ステータス]),[ステータス]="未対応")
④	すべて（初期値のまま）
⑤	Edit
	対応を登録する
	対応中へ進む
	Call Phone（お電話番号）
	View Map（ご住所）
	Vew Ref（担当者）
	Compose Email（Eメールアドレス）
	Send SMS（お電話番号）
⑥	Updates
	Adds

○表6-8：【Slice】対応中の問い合わせ

項目	設定値
①	対応中の問い合わせ
②	問い合わせ
③	[ステータス]="対応中"
④	すべて（初期値のまま）
⑤	Edit
	対応を登録する
	未対応へ戻る
	対応完了
	Call Phone（お電話番号）
	View Map（ご住所）
	Vew Ref（担当者）
	Compose Email（Eメールアドレス）
	Send SMS（お電話番号）
⑥	Updates
	Adds

○表6-9：【Slice】対応完了の問い合わせ

項目	設定値
①	対応完了の問い合わせ
②	問い合わせ
③	［ステータス］="対応完了"
④	すべて（初期値のまま）
⑤	Edit
	対応を登録する
	対応中へ戻る
	Call Phone（お電話番号）
	View Map（ご住所）
	Vew Ref（担当者）
	Compose Email（E メールアドレス）
	Send SMS（お電話番号）
⑥	Updates
	Adds

Sliceの作成

最初に「未対応の問い合わせ」（表6-7）を作成します。

AppSheet Ediorのペインメニュー［Data］⇒ タブメニュー［Slices］で［＋ New Slice」で新規Slice作成画面を表示します（図6-35）。

表6-7の設定値を順に入力してください。③［Row filtter condition］は、入力フィールドをクリック ⇒ 推奨条件の一番下に表示される［Create a custom expression］をクリック ⇒［Expression Assistant］（図6-36）で、次の式を入力します。「ステータスが空欄、またはステータスが"未対応"の場合」という意味です。

```
OR(ISBLANK([ステータス]), [ステータス]="未対応")
```

○図6-35：Slice作成画面

○図6-36：Expression Assistant

④［Slice Columns］は初期値として「問い合わせ」テーブルの全カラムが対象と
なっています。カラムを絞りたい場合や表示順序を変える場合は、項目を操作
して調整します。ここでは「すべて（初期値のまま）」なので、何も操作しません。

⑤［Slice Action］とは、Slice用のViewの中で使用できるActionのことです。
初期値に「Auto」が選択されている場合、Sliceで利用できるActionを制限した
いので、一旦右端のゴミ箱マークで削除してください。そして、表6-7の⑤［Slice

Action］の項目を［Add］で表示されるプルダウンメニュー（図6-37）から追加してください。

○図6-37：Slice Actionの選択項目

⑥［Update mode］では［Deletes］のチェックをオフにして、ユーザーが誤ってデータレコードを消せないようにします。

以上で「未対応の問い合わせ」の作成は完了です。

［＋New Slice］から同様の操作で、「対応中の問い合わせ」（表6-8）と「対応完了の問い合わせ」（表6-9）を作成してください。「未対応の問い合わせ」と異なるのは①［Slice Name］と③［Row filter condition］のExpressionに入力する式、⑤［Slice Action］に設定するActionだけです。

これで必要となる3つのSliceが作成できました（図6-38）。

前章と本章で、カンバン式問い合わせ管理アプリのデータやアクションなど、基本的な設定は完了しました。次章ではView（画面）を作成して完成させます。

○図6-38：Slice一覧

ドロップダウンの作り方

AppSheetではドロップダウン（選択リスト）から入力値を選択するユーザーインタフェース（UI）が複数の方法で作成できます。本文でも説明したタイプに「Enum」を指定する以外にも、用途に応じたドロップダウンの生成方法があります。

タイプ指定（Enum）による生成

ドロップダウンを作成する際にもっとも利用される方法です。Enumタイプに指定した項目を［Values］に選択する値を直接記述します（図6-A）。その下の［Allow other values］は他の入力値受け入れを許可する設定で、［Auto-complete other values］はデータソースにValues設定値以外の値がある場合に設定します。

図6-Bでは［Allow other values］がOFFのため、新規に項目を追加できないようになっています。

○図6-A：タイプ指定（Enum）による生成ー設定

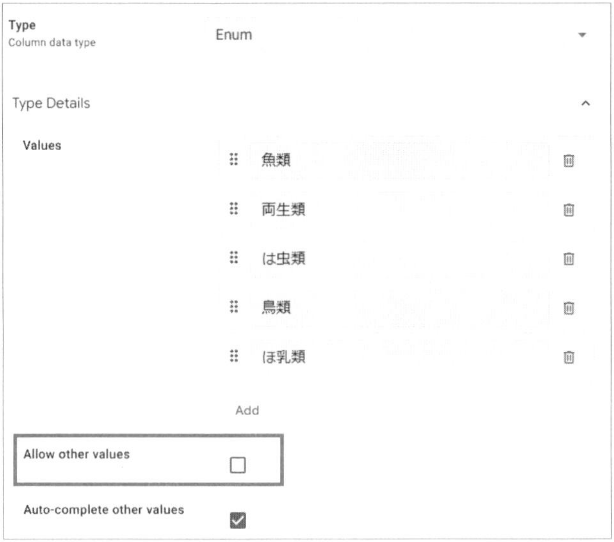

Type Column data type		Enum	▼
Type Details			∧
Values	⠿	魚類	🗑
	⠿	両生類	🗑
	⠿	は虫類	🗑
	⠿	鳥類	🗑
	⠿	ほ乳類	🗑
		Add	
Allow other values	☐		
Auto-complete other values	☑		

○図6-B：図6-AのUI

動物分類
○　魚類
○　両生類
○　は虫類
○　鳥類
○　ほ乳類
Done

○図6-D：図6-CのUI

動物分類
☐　魚類
☐　両生類
☐　は虫類
☐　鳥類
☐　ほ乳類
Select All　　　　Done

タイプ指定（EnumList）による生成

　タイプに「EnumList」を指定した場合も[Values]に選択する値を記述できます（図6-C）。「Enum」は指定したドロップダウンの中から1つのみを選択しますが、「EnumList」はチェックボックスで複数を選択することが可能です（図6-D）。

○図6-C：タイプ指定（EnumList）による生成ー設定

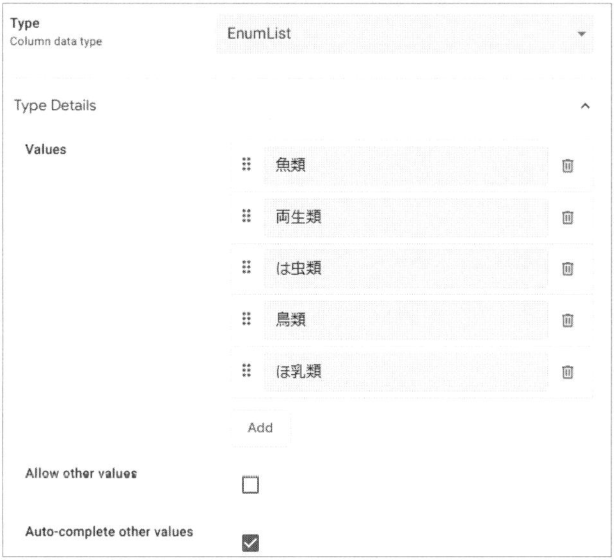

Type Column data type	EnumList ▼
Type Details	^
Values	⠿　魚類　　🗑
	⠿　両生類　　🗑
	⠿　は虫類　　🗑
	⠿　鳥類　　🗑
	⠿　ほ乳類　　🗑
	Add
Allow other values	☐
Auto-complete other values	☑

[Valid if]による生成

　「Enum」と「EnumList」共に [Valid if] の設定式で選択値を記述できます（図6-E、図6-F）。[Valid if]は入力値が適正な値であるかをチェックする設定ですが、転じて LIST 形式で値を記載することで、その中から値を選択するドロップダウンの生成が可能です。

○図6-E：[Valid if] による生成－設定

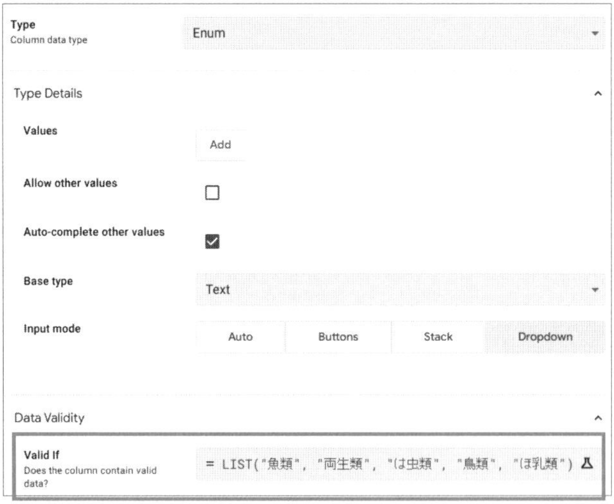

○図6-F：図6-EのUI

○図6-H：図6-GのUI

[Suggested values]による生成

　[Valid if]と同様に[Suggested values]でもドロップダウンを生成できます（図6-G）。[Suggested values]は[Valid if]と異なり、推奨する入力値を表示する項目となります。実際の入力内容はユーザーに委ねられるため、生成したドロップダウンの中にAddスペースが追加されます（図6-H）。

○**図6-G：[Suggested values]による生成ー設定**

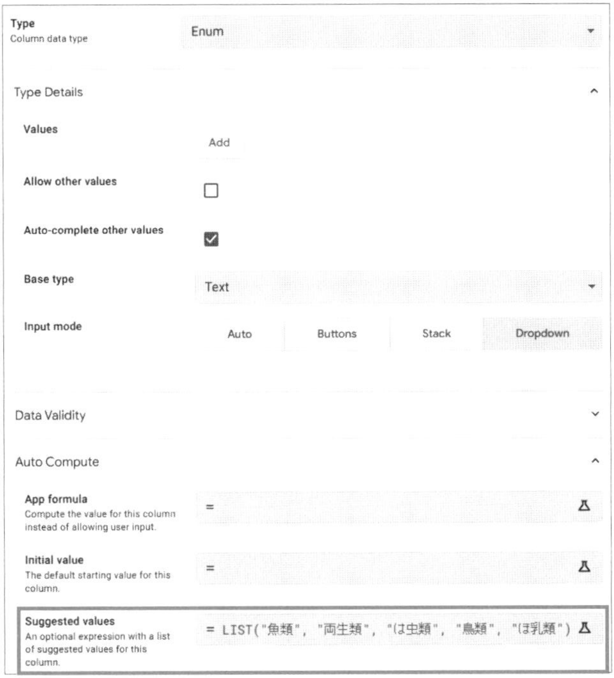

データタイプ指定（Ref）による生成

　マスタテーブル内のデータを元にドロップダウンを生成する場合は「Ref」タイプを利用します（図6 I）。[Source table]で指定したテーブルのKey値を選択するドロップダウンが生成できます。ただし、ドロップダウンの中

で表示される選択値は指定したテーブルのLabelの値になります。

　ユーザーがマスタテーブルへの追加権限を有している場合は、［New］から直接マスタテーブルへ新規レコードの登録が可能です（図6-J）。

○図6-I：データタイプ指定（Ref）による生成ー設定

○図6-J：図6-IのUI

動物分類

- ✏ New
- ○ 魚類
- ○ 両生類
- ○ は虫類
- ○ 鳥類
- ○ ほ乳類

Done

○図6-L：図6-KのUI

動物分類

- ○ 魚類
- ○ 両生類
- ○ は虫類
- ○ 鳥類
- ○ ほ乳類

Done

タイプ（Enum）とBase type指定（Ref）による生成

　タイプは「Enum」を指定し［Base type］で「Ref」を設定してドロップダウンを生成する方法もあります（図6-K、図6-L）。ただし、［Valid if］または［Suggested values］でLIST式を入力しなければドロップダウンの中で選択する値が表示されません。また、［Allow other values］をチェックする必要があります。

　なお、直接タイプで「Ref」を指定する場合と異なる点として、参照先にReverse RefのVirtual columnが作成されません。

○図6-K：タイプ（Enum）とBase type指定（Ref）による生成

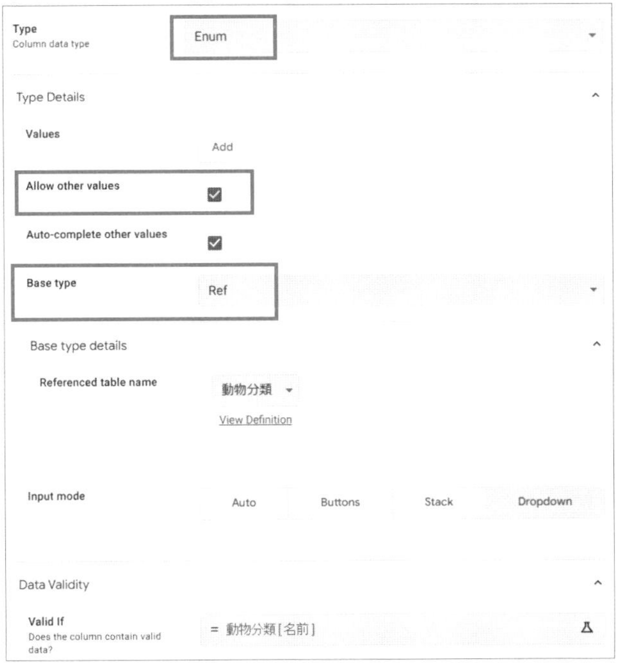

［is a part of］のオン／オフの違い

あるカラムを Ref に設定すると、そのテーブルは Ref で参照されるテーブルを親とし、子テーブルという関係となります。

カラムの型／タイプを「Ref」に設定した場合、オプション項目に［Is a part of］があります（図6-M）。

○図6-M：［is a part of］の設定

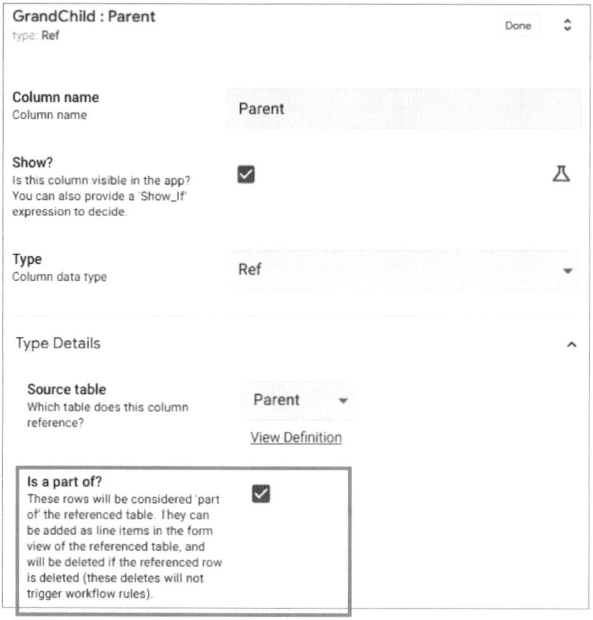

GrandChild : Parent		Done
type: Ref		

Column name
Column name

Parent

Show?
Is this column visible in the app?
You can also provide a 'Show_If'
expression to decide.

☑

Type
Column data type

Ref

Type Details

Source table
Which table does this column
reference?

Parent

View Definition

Is a part of?
These rows will be considered 'part
of' the referenced table. They can
be added as line items in the form
view of the referenced table, and
will be deleted if the referenced row
is deleted (these deletes will not
trigger workflow rules).

☑

［Is a part of］の設定はデフォルトではオフ（選択されていない状態）ですが、オン（選択された状態）にすると次の2つの状態になります。

- 親テーブルのレコードの編集画面であるForm Viewで、関連する子レコードの登録／編集が可能になる（図6-N）
- 親のレコードが完全に削除された際、紐づけられた関連する子テーブルのレコードも一緒に削除される

○図6-N：親テーブルのレコードの編集画面

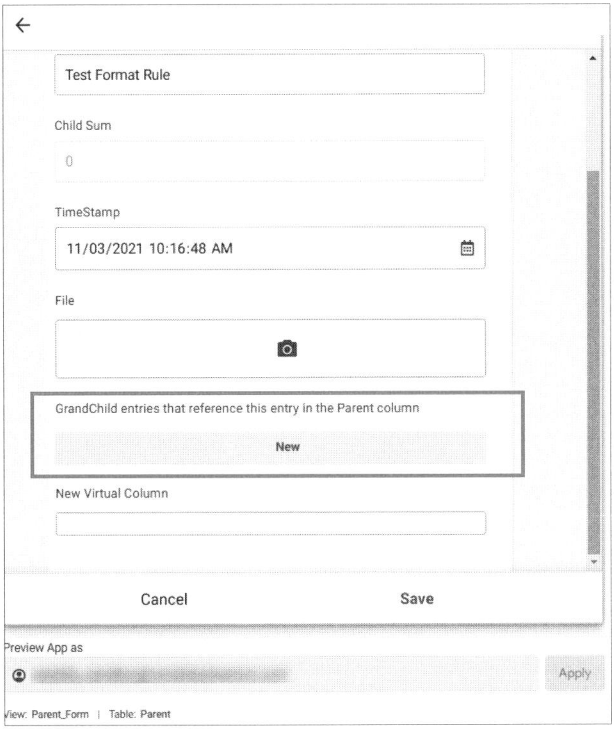

　逆に[Is a part of]をオフにした場合、親レコードの Form View では子テーブルのレコードは表示されず、かつ親レコードが削除されても関連する子レコードは削除されずデータとして残ったままの状態となります。

　実際のユースケースやビジネス上の要件に合わせてオン／オフを選択してください。

Chapter 7

［カンバン式
問い合わせ管理アプリ③］
カンバン式に表示しよう

3つのViewを合成

本章では画面を作成してアプリを完成させます。まず、ステータス別の画面を3つ作成し、それをカンバン式に表示させるために1つの画面に表示させます。

7-1　Viewの作成方針

System Viewとは

AppSheet Editorのペインメニュー［UX］⇒［Views］を選択すると、現時点では「問い合わせ」Viewが1つだけありますが、画面の最下部にある［Show system views］をクリックすると、ほかにもたくさんのViewが定義されています（図7-1）。

AppSheetはテーブルを読み込んだ時点でテーブルを解析し、テーブルに対する「表示」「入力」「一覧」のためのViewを自動的に作成してくれていたのです。これらの自動的に生成されたViewは「System View」と呼ばれています。

○図7-1：View一覧

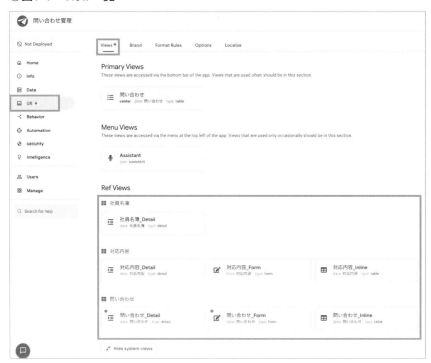

カンバン式を実現するためのView

　カンバン式として表示する3つのView(「未対応の問い合わせ」「対応中の問い合わせ」「対応完了の問い合わせ」)は、自分で作成する必要があり、3つのSliceに対して別々のViewを用意します。理由は問い合わせステータス(「未対応」「対応中」「対応完了」)によって、画面上で実行できるアクションが異なることと、それぞれのViewで表示させるデータ(レコード)が異なるからです。

　「未対応の問い合わせ」画面では「対応中へ進む」Actionが、「対応中の問い合わせ」画面では「対応完了へ進む」または「未対応へ戻る」Actionが必要です。このような理由から3つのスライスに対するViewを作成し、最後にそれらを1つのViewにまとめてカンバン式に表示することになります。

7-2 未対応の問い合わせView

　それでは、「未対応の問い合わせ」Sliceに対するViewを作成します。AppSheet Editorのペインメニュー[UX]⇒[Views]⇒[＋New View]⇒ 新規作成画面(図7-2)で、表7-1のように入力してください。
その他の「Layout」の前までの設定はそのままにしてください。

○表7-1：【View】未対応の問い合わせ

設定項目	設定値
[View name]	未対応
[For this data]	未対応の問い合わせ（slice）
[View type]	card
[Position]	ref
[Sort by]	タイムスタンプ：Accending

○図7-2：未対応の問い合わせ

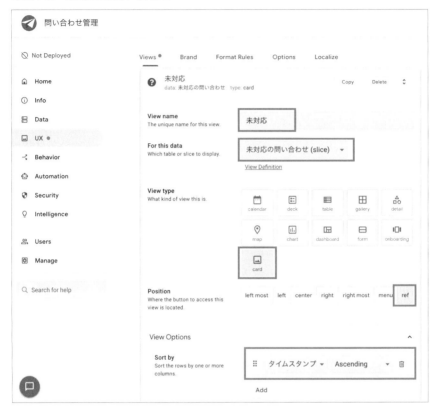

Layoutセクション

続いて、図7-2の［Layout］を設定します。ここでの設定がカンバン式の見え方に影響します。

［Layout］⇒［large］を選択し、図7-3の❶〜⓬を設定します。該当箇所をクリックすると［On Click］または［Column to show］の選択リストが表示されるので、表7-2のように設定してください。

○図7-3：未対応の問い合わせ [Layout]

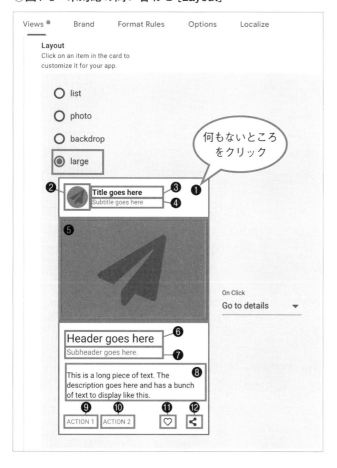

○表7-2：【View】未対応の問い合わせ［Layout］

設定項目	設定名称	設定値
❶	On Click	Go to details
❷	Column to Show	None
❸	Column to Show	"お名前"
❹	Column to Show	"タイムスタンプ"
❺	Column to Show	None
❻	Column to Show	"お問い合わせの種類"
❼	Column to Show	"対象商品"
❽	Column to Show	"お問い合わせ内容詳細"
❾	On Click	Edit
❿	On Click	対応を登録する
⓫	On Click	None
⓬	On Click	対応中へ進む

※図7-3：❶〜⓬をクリック

Displayセクション

［Display］では、は表7-3のように設定してください（図7-4）。

［Display name］にExpressionを設定するのは、Viewの表示タイトルに「未対応（○件）」と表示するためです。入力画面の右側に［T］マークとフラスコマークがありますが、入力した値がExpressionであることを明示するためにフラスコアイコンが水色で表示されていることを確認してください。［T］マークが選択されている場合、Expression全体がテキスト値として認識されてしまいます。

○表7-3：【View】未対応の問い合わせ［Display］

設定項目	設定内容
［Icon］	❓ (question-circle)
［Display name］	"未対応"&"（"&count(未対応の問い合わせ［受付ID］)&"件）"

◯図7-4：未対応の問い合わせの［Display］

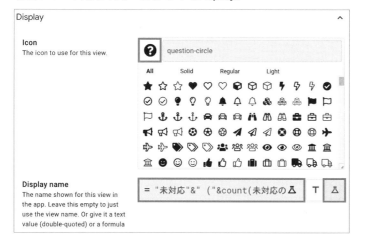

7-3 対応中の問い合わせ View

　続いて、対応中の問い合わせ View を作成します。同様に AppSheet Editor のペインメニュー［UX］⇒［Views］⇒［＋New View］⇒ 新規作成画面から表7-4〜表7-6のように設定してください（設定項目がないものはそのままにしてください）

◯表7-4：【View】対応中の問い合わせ

設定項目	設定値
[View name]	対応中
[For this data]	対応中の問い合わせ（slice）
[View type]	card
[Position]	ref
[Sort by]	タイムスタンプ：Accending

○表7-5：【View】対応中の問い合わせ［Layout］

設定項目	設定名称	設定値
❶	On Click	Go to details
❷	Column to Show	None
❸	Column to Show	"お名前"
❹	Column to Show	"タイムスタンプ"
❺	Column to Show	None
❻	Column to Show	"お問い合わせの種類"
❼	Column to Show	"対象商品"
❽	Column to Show	"お問い合わせ内容詳細"
❾	On Click	Edit
❿	On Click	対応を登録する
⓫	On Click	未対応へ戻る
⓬	On Click	対応完了

※図7-3：❶〜⓬を参照

○表7-6：【View】対応中の問い合わせ［Display］

設定項目	設定内容
［Icon］	⌛（spinner）
［Display name］	"対応中 "&" ("&count(対応中の問い合わせ［受付 ID］)&" 件)"

7-4 対応完了の問い合わせ View

同様に対応完了の問い合わせ View を作成します（表7-7〜表7-9）。

○表7-7：【View】対応完了の問い合わせ

設定項目	設定値
［View name］	対応完了
［For this data］	対応完了の問い合わせ（slice）
［View type］	card
［Position］	ref
［Sort by］	タイムスタンプ：Accending

○表7-8：【View】対応完了の問い合わせ [Layout]

設定項目	設定名称	設定値
❶	On Click	Go to details
❷	Column to Show	None
❸	Column to Show	"お名前"
❹	Column to Show	"タイムスタンプ"
❺	Column to Show	None
❻	Column to Show	"お問い合わせの種類"
❼	Column to Show	"対象商品"
❽	Column to Show	"お問い合わせ内容詳細"
❾	On Click	Edit
❿	On Click	対応を登録する
⓫	On Click	対応中へ戻る
⓬	On Click	None

※図7-3：❶～⓬を参照

○表7-9：【View】対応完了の問い合わせ [Display]

設定項目	設定内容
[Icon]	✅ （check-circle）
[Display name]	"対応完了 "&" （"&count（対応完了の問い合わせ［受付ID]）&" 件)"

7-5　問い合わせView（カンバン式）

　7-2～7-4節でカンバンの元になる3つのViewが作成できたので、これらをまとめてカンバン式に見えるViewを作成します。

　AppSheet Editorのペインメニュー[UX]⇒[Views]⇒[Primary Views]セクションの「問い合わせ」Viewは、「問い合わせ」スプレッドシートを読み込んだ際に自動的に作成されたViewで、本アプリのメイン画面です。これをカンバン式の画面にカスタマイズします。

　表7-10のように設定してください（図7-5）。表7-10以外の設定はそのままとしてください。

○表7-10：【View】問い合わせ（カンバン式）

設定項目	設定値
[View Name]	問い合わせ
[View Type]	dashboard
[Position]	center
[View entries]	未対応／ Tall
	対応中／ Tall
	対応完了／ Tall
[Use tabs in mobile view]	ON
[Interactive Mode]	OFF
[Display] ⇒ [Icon]	:≡（list）
[Display] ⇒ [Display Name]	問い合わせ対応状況

○図7-5：問い合わせ（カンバン式）

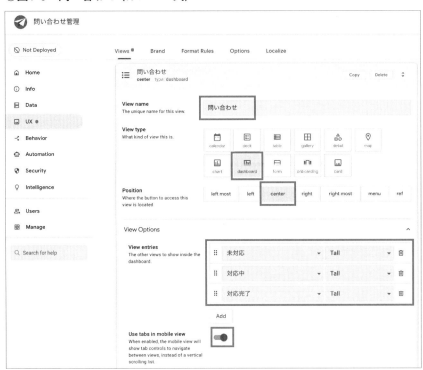

7-6　新規問い合わせ View

　カンバン式問い合わせ管理アプリはGoogleフォームで作成した「お問い合わせ」フォームからの受付を前提としています。しかし、電話などからの問い合わせにも対応できるように「新規問い合わせ」Viewも作成しておきます。

　AppSheet Editorのペインメニュー[UX]⇒[Views]⇒[＋New View]⇒ 新規作成画面から表7-11のように入力してください。表7-11以外の項目は設定はそのままにしてください。

○表7-11：【View】新規問い合わせ

設定項目	設定値
[View name]	新規問い合わせ
[For this data]	問い合わせ
[View type]	form
[Position]	left most
[View Options] ⇒ [Column order]	タイムスタンプ
	対象商品
	お問い合わせの種類
	お問い合わせ内容詳細
	お名前
	お電話番号
	Eメールアドレス
	ご住所
	ご希望の連絡方法
	ステータス
	担当者
[View Options] ⇒ [Finish view]	問い合わせ_Detail
[Display] ⇒ [Icon]	❓ (question-square)

　以上でカンバン式問い合わせ管理アプリは完成しました。

7-7 動作確認

　動作確認をするには、AppSheet Editorのプレビューか自分自身にシェアして確認してください（図7-6、図7-7）。

○図7-6：カンバン式問い合わせ管理アプリ（Web ／タブレット）

○図7-7：カンバン式問い合わせ管理アプリ（スマホ）

問い合わせデータの登録

5-2節で作成したGoogleフォームからテストデータとして、実際の問い合わせの場面を想定して、データを入力して送信してください。テストするため数件程度の問い合わせデータをGoogleフォームから登録しましょう。

登録された問い合わせデータの確認

入力したすべての問い合わせが「未対応」になっているはずです。

●ステータスの変更

未対応の問い合わせをクリックして詳細画面が表示されるか、カンバン上のステータス変更ボタンで問い合わせが「対応中」に移動するかなどを確かめてください。各問い合わせカードの下部に設置したアクションアイコンをクリックすると、問い合わせのステータスが変更され、カードの表示場所が左右に移動するはずです。

●対応内容の登録

画面下部の「対応を登録する」をクリックして対応内容をを登録し、登録した対応の内容がアプリに表示されることも確認してください。それぞれのカードをクリックすると対応内容がDetail Viewとして表示されるので、Line Viewの中に登録した対応内容を確認できます。

もしも何かエラーが出ていたり、表示や動作が想定と異なる場合は、どこかの設定に誤りがあるはずです。もう一度、Chapter 6：「6-1：社員テーブル」のテーブルのカスタマイズまで戻って設定に誤りがないか確認してください。

カンバン式問い合わせ管理アプリは、ボタン操作だけで各問い合わせのステータスを変更でき、複数の問い合わせ案件がステータス別に整理されて表示され

る、また、対応しなくてはならない案件を容易に検索できる、こうしたことから顧客対応業務の効率は格段にアップするでしょう。

　会社のホームページに、今回作成したようなGoogleフォームを開くリンクを設置すれば、顧客が登録した情報を即時に顧客対応者側のアプリで確認できるので、作成したアプリの実装や運用開始も比較的容易にできます。

　ぜひ、ご自身の会社などに合わせてテーブルをカスタマイズして作成してみてください。

Chapter 8

［休暇申請アプリ①］
データを準備しよう

アプリの要件とデータの読み込み

みなさんの会社では、有給休暇をどのような方法で申請していますか？ 大企業であれば、人事管理システムで電子申請できる仕組みがあるでしょうが、小規模な会社では、Excelで申請書を作成して印刷し、上司に承認のハンコをもらって申請している場合もあるでしょう。そんな悩みもAppSheetを使えば解決できます。

本章のアプリはChapter 3〜4で作成した社員名簿のデータ（スプレッドシート）を利用しています。

8-1　アプリのイメージを理解する

　本章からはChapter 3〜4で作成した「社員名簿アプリ」を拡張する形で「休暇申請アプリ」を作成します。実装する機能は次のとおりです。

- 社員は人事部によって有給休暇を付与されます。今回は一律20日とします。
- 社員には休暇を承認する承認者を1名割り当てられます。
- 社員は休暇申請機能を使って「休暇開始日」「終了日」「日数」を入力して申請します。
- システムは休暇が申請された通知を承認者へメールで送信します。
- 社員は自分が申請した休暇申請の処理状況を自分で確認できます。
- 社員は申請した休暇申請を、承認または却下される前に限り自身で「取り消し」ができます。
- 社員は自分の有休取得状況（「付与日数」「取得日数」「申請中日数」「残日数」）を参照できます。
- 承認者は自分宛に申請された休暇申請を一覧できます。
- 承認者は申請された休暇申請を「承認」または「却下」することができます。その際に申請者へのコメントを記載できます。
- システムは休暇申請が「承認」または「却下」された通知を申請者へメールで送信します。
- 承認者は自分が承認者となっている社員（つまり部下）の有休取得状況（「付与日数」「取得日数」「申請中日数」「残日数」）を参照できます。
- 人事部社員は、全社員の有給休暇マスタ（「社員番号」「有給休暇日数」「承認者」）を登録／編集できます。
- 人事部社員は、全社員の休暇申請の参照、修正ができます。

画面イメージ

　実際の画面は図8-1〜図8-4のようになります。「申請者」「承認者」「人事部」で役割が異なるため、使える機能が多少変わってきます。

○図8-1：[申請者] My有給休暇
　　　　画面

○図8-2：[申請者] 有給休暇の申
　　　　請画面

○図8-3：[承認者] 休暇申請の判
　　　　定画面

○図8-4：[承認者] My部下有給
　　　　情報画面

8-2　AppSheetアプリ用のデータを準備する

　「休暇申請アプリ」は、Chapter 3で作成した「社員名簿アプリ」のデータソースの「社員名簿」スプレッドシートを参照するので、ファイルの場所の移動やファイル名の変更、カラムの追加／削除などは行わないようにしてください。

サポートページからデータをダウンロード

　Chapter 3（37ページ）と同様に本章で利用するデータをダウンロードできます。

- 本書サポートページ
  URL https://gihyo.jp/book/2022/978-4-297-12574-5/support

「有給休暇マスタ」の作成

　「社員名簿」スプレッドシートと同じ場所に、「有給休暇マスタ」スプレッドシートを作成してください（図8-5）。シート名も「有給休暇マスタ」とします。

- A列：社員番号
  社員名簿にある社員全員の社員番号
- B列：有給休暇日数
  個人に割り当てられた年間の有給休暇日数（全員20日とする）
- C列：承認者
  申請を承認する社員の社員番号（社員の上司にあたる部長または社長の社員番号を設定する）

○図8-5：「有給休暇マスタ」スプレッドシート

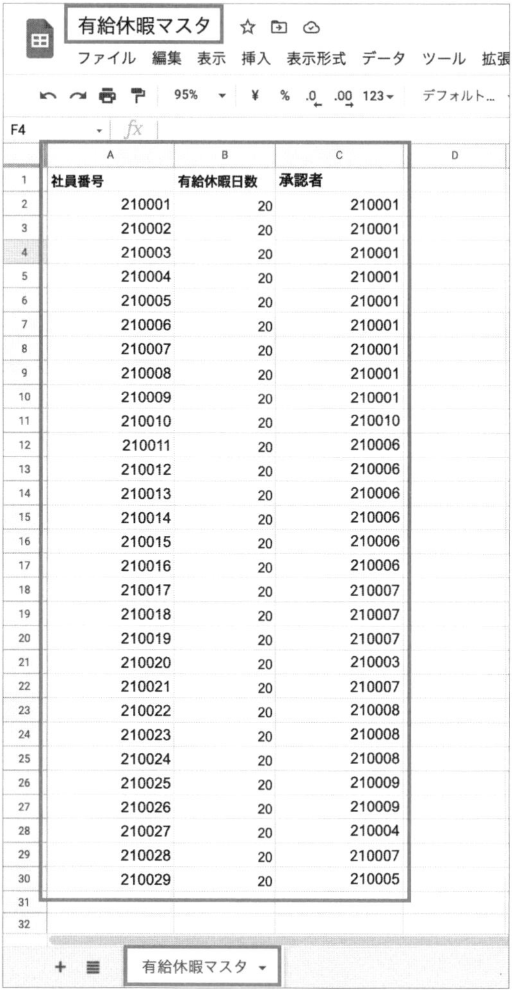

社員番号	有給休暇日数	承認者
210001	20	210001
210002	20	210001
210003	20	210001
210004	20	210001
210005	20	210001
210006	20	210001
210007	20	210001
210008	20	210001
210009	20	210001
210010	20	210010
210011	20	210006
210012	20	210006
210013	20	210006
210014	20	210006
210015	20	210006
210016	20	210006
210017	20	210007
210018	20	210007
210019	20	210007
210020	20	210003
210021	20	210007
210022	20	210008
210023	20	210008
210024	20	210008
210025	20	210009
210026	20	210009
210027	20	210004
210028	20	210007
210029	20	210005

「休暇申請」の作成

同じく「休暇申請」スプレッドシートに「休暇申請」シートを作成します（図8-6）。「有給休暇マスタ」スプレッドシートと同じ場所に作成してください。必要な項目は次のとおりです。

- A列：ID

  システムが自動的にユニークなキーを生成する

- B列：申請日

  申請した日時をシステムが生成する

- C列：社員番号

  申請者の社員番号

- D列：ステータス

  申請の状態（「申請」「承認」「却下」「取消」）

- E列：承認日

  申請が承認された日時（「承認」から別のステータスに変更された場合にはクリアされる）

- F列：休暇開始日

  休暇を開始する日

- G列：休暇終了日

  休暇を終了する日

- H列：休暇日数

  休暇開始から休暇終了日までの公休日を含まない有給休暇日数

- I列：休暇理由：

  理由や特記事項など

- J列：コメント

  却下理由など必要に応じた承認者からのコメント

- K列：更新日

  同じ行のどこかの列が更新されるとシステムが自動的に記録

○図8-6：「休暇申請」スプレッドシート

8-3 AppSheetにスプレッドシートを読み込む

アプリの新規作成

AppSheet の Web サイト（**URL** https://www.appsheet.com/）からログインし、[My Apps]⇒[Make a new app]を選択します（図8-7）。

○図8-7：My Apps

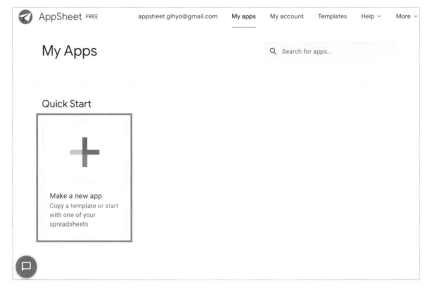

　［Create a new app］で［Start with your own data］をクリックし（図8-8）、［App name］に「HolidayApp」を、［Category］に「Human Resources」を設定します（図8-9）。また、［Chose your data］をクリックして「有給休暇マスタ」スプレッドシートファイルを選択します。

○図8-8：Create a new app（1）

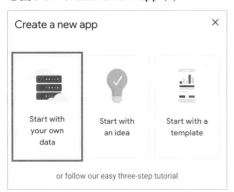

○図8-9：Create a new app（2）

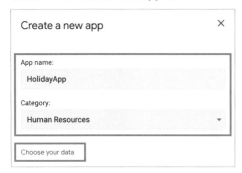

　セットアップが完了すると［Welcome to your app］が表示されます（図8-10）。

○図8-10：Welcome to Your app

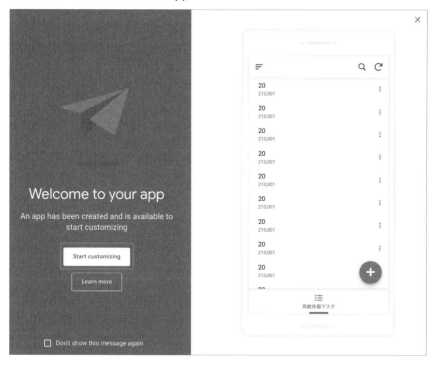

「社員名簿」と「休暇申請」の読み込み

図8-10の右側に表示されているアプリ画面は改良する必要がありますが、まずは[Start customizing]をクリックしてAppSheet Editor に移ります。

ペインメニュー[Data]を選択すると「有給休暇マスタ」が読み込まれたのが確認できます(図8-11)。

○図8-11：ペインメニュー［Data］

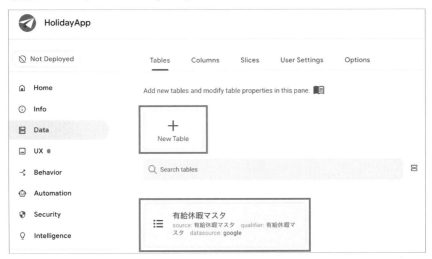

　それでは［＋New Tables］をクリックして、「社員名簿」と「休暇申請」スプレッドシートを読み込みます。図8-12で［Sheets on Google Drive］を選択し、「社員名簿」を選択します（図8-13）。「社員名簿」は参照するだけなので［Read-Only］で読み込みます（図8-14）。

○図8-12：Get data from...

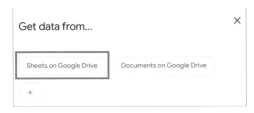

○図8-13：Select a file

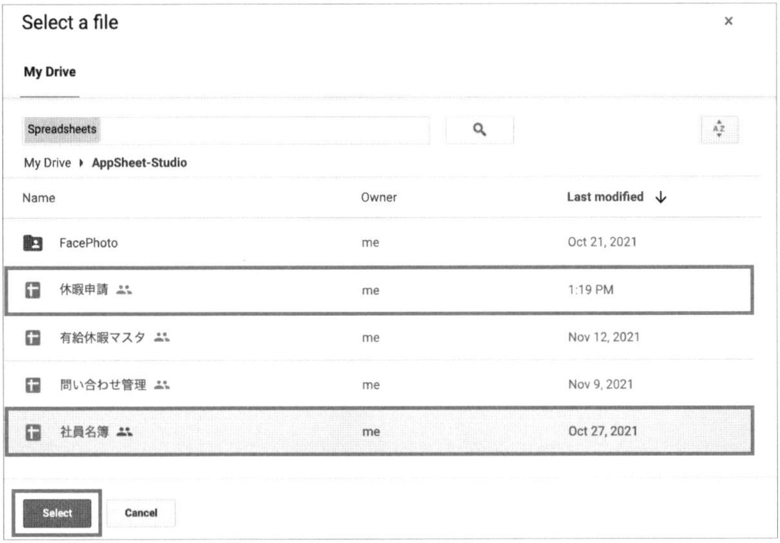

○図8-14：Create a new table（社員名簿）

　同様に「休暇申請」を選択します。「休暇申請」は初期値のまま読み込みます（図8-15）。

○図8-15：Create a new table（休暇申請）

　以上で、休暇申請アプリに必要な3つのスプレッドシートが読み込まれ、AppSheetのテーブルとして登録されました（図8-16）。

○図8-16：ペインメニュー［Data］（完了）

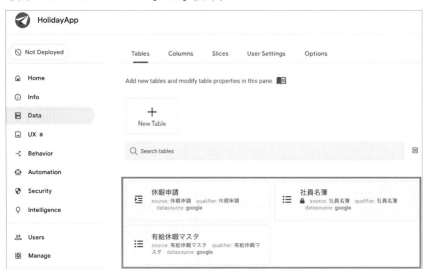

◆◆◆

　次章では読み込んだテーブルを休暇申請アプリに適した形式にカスタマイズします。

Chapter1

Chapter2

Chapter3

Chapter4

Chapter5

Chapter6

Chapter7

Chapter8

Chapter9

Chapter10

［休暇申請アプリ②］
細かく設定していこう

テーブルのカスタマイズと
Action／Sliceの作成

読み込んだテーブルを1つずつカスタマイズしていきましょう。有給休暇の取得日数や申請中の日数を算出するカラムの設定では、有休休暇マスタテーブルと休暇申請テーブルを関連付けするために、一度仮設定をする場面もありますが、順に進めてください。

9-1 社員名簿テーブル

「社員名簿」テーブルのタイルを開いて［View Columns］でカラム編集画面を表示します（図9-1）。「氏名」と「顔写真」をLABEL設定します。

休暇申請アプリでは、社員名簿テーブルを参照するだけですが、他のカラムの設定（カラムの型など）はChapter 4の社員名簿テーブルのTypeと同じ型に合わせておいてください（57ページ）。

○図9-1：社員名簿テーブル

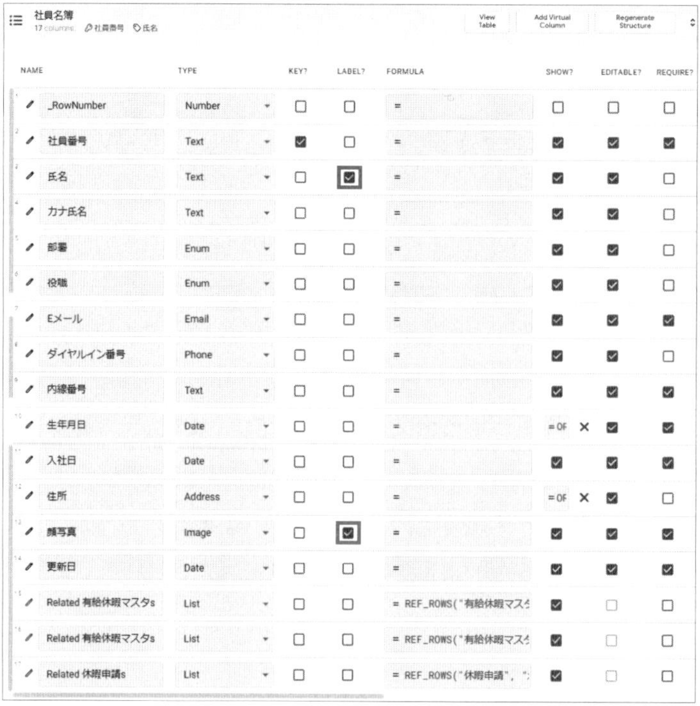

9-2 有給休暇マスタテーブル

「有給休暇マスタ」テーブルのタイルを開いて［View Table］でカラム編集画面

○図9-2：有給休暇マスタテーブル（設定前）

にします（図9-2）。休暇申請アプリに必要な情報は、部署や役職、Eメールアドレスなどがありますが、すでに社員名簿の中にある情報なので、二重定義は避けたいです。そこで有給休暇マスタテーブルの「社員番号」と「承認者」をキーとして「社員名簿」から必要な情報を取り出して、Virtual Column（仮想カラム）として追加することにします。

設定表に記載のない項目は初期値のままにしてください。

①_RowNumber

AppSheetが各テーブルに自動的に作成するシステムカラムのため触れません。

②社員番号

表9-1のように設定してください（図9-3）。

有給休暇マスタテーブルと社員名簿テーブルは"1対1"の関係にあります。[Type]を「Ref」にして、[Source table]に「社員名簿」を選択するだけで、有給休暇マスタテーブルから社員名簿テーブルのカラムを参照できます。社員番号の設定は以降で重要な働きをするので注意して設定してください。また[Label]にチェックを入れるのを忘れないでください。

○表9-1：【Column】社員番号

[Column Name]	社員番号				
[Type]	Ref				
[Source table]	社員名簿				
[Display name]	氏名				
[Key ?]	[Label]	[Show ?]	[EDITABLE ?]	[REQUIRE ?]	[SEARCH ?]
✓	✓	✓	✓	✓	✓

○図9-3：社員番号

③有給休暇日数

表9-2のように設定してください（図9-4）。

○表9-2：【Column】有給休暇日数

[Column Name]	有給休暇日数				
[Type]	Number				
[Key ?]	[Label]	[Show ?]	[EDITABLE ?]	[REQUIRE ?]	[SEARCH ?]
		✓	✓	✓	✓

○図9-4：有給休暇日数

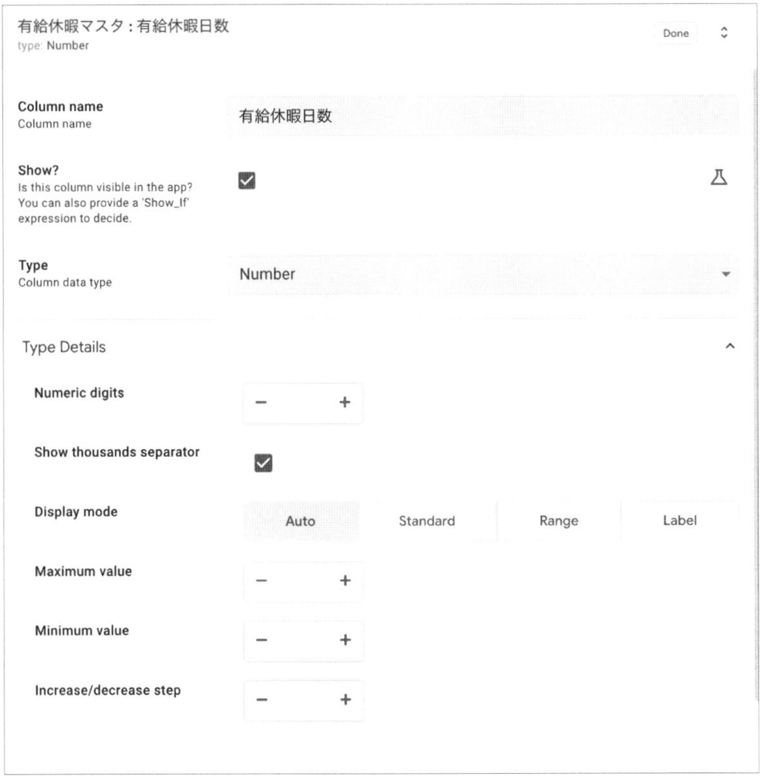

④承認者

表9-3のように設定してください（図9-5）。

承認者にも社員番号が入っているので、社員名簿への関連付けができます。②社員番号と同じ要領で、[Type]を「Ref」に、[Source table]に「社員名簿」と設定します。

○表9-3：【Column】承認者

[Column Name]	承認者				
[Type]	Ref				
[Source table]	社員名簿				
[Key ?]	[Label]	[Show ?]	[EDITABLE ?]	[REQUIRE ?]	[SEARCH ?]
		✓	✓	✓	✓

○図9-5：承認者

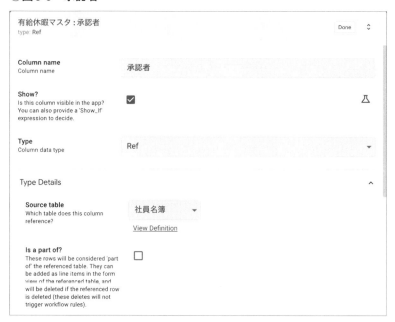

⑤申請者氏名

　ここから先のカラムはVirtual Columnとして定義します。Virtual Columnはスプレッドシート上に存在しない仮想カラムです。用途はさまざまですが、ここでは他のテーブルの値を参照する仮想カラムとして使います。

　②社員番号で[Type]を「Ref」に、[Source table]を「社員名簿」に設定しました。つまりシステム内では、有給休暇マスタテーブルが社員番号をキーとして

社員名簿テーブルに関連付けられています。このことから［App formula］として次のExpression式を記述するだけで、有給休暇マスタテーブルから申請者に関する社員名簿テーブルのすべてのカラムを参照できます。

［社員番号］.［社員名簿のカラム名］

　この式のことをAppSheet用語では「De-reference Expression」と言います。Refに設定したカラムと参照先のテーブルにあるカラムを上記の「.（ピリオド）」で連結するだけで参照先のテーブルにある関連付けられたレコードのカラムの値を簡単に取得できるAppSheetならではの機能です。

　また、④承認者の設定でも［Type］を「Ref」に、［Source table］を「社員名簿」に設定しました。このことから同様に、有給休暇マスタテーブルから承認者に関する社員名簿テーブルのすべてのカラムを参照できます。

［承認者］.［社員名簿のカラム名］

　［Add Virtual Column］をクリックして表示したVirtual Columnの定義画面で、De-reference Expressionを利用して社員名簿テーブルから申請者の氏名を取得します（表9-4）。

○表9-4：【Column】申請者氏名

カラムタイプ	Virtual				
[Column Name]	申請者氏名				
[App formula]	［社員番号］.［氏名］				
[Type]	Text				
[Key ?]	[Label]	[Show ?]	[EDITABLE ?]	[REQUIRE ?]	[SEARCH ?]
		✓		✓	✓

⑥部署

De-reference Expression を利用して社員名簿テーブルから申請者の部署を取得します。表9-5のように設定してください（図9-6）。

○表9-5：【Column】部署

カラムタイプ	Virtual				
[Column Name]	部署				
[App formula]	［社員番号］.［部署］				
[Type]	Text				
[Key ?]	[Label]	[Show ?]	[EDITABLE ?]	[REQUIRE ?]	[SEARCH ?]
		✓		✓	✓

○図9-6：部署

有給休暇マスタ：部署 (virtual)
type: Text　formula: =[社員番号].[部署]
Delete　Done

Column name
Column name
部署

App formula
Compute the value for this column
instead of allowing user input.
= ［社員番号］.［部署］

Show?
Is this column visible in the app?
You can also provide a 'Show_If'
expression to decide.
✓

Type
Column data type
Text

Type Details

Maximum length
−　＋

Minimum length
−　＋

⑦申請者Eメール

De-reference Expressionを利用して社員名簿テーブルから申請者のEメールアドレスを取得します。表9-6のように設定してください（図9-7）。

○表9-6：【Column】申請者Eメール

カラムタイプ	Virtual Column				
[Column Name]	申請者Eメール				
[Type]	Email				
[App formula]	［社員番号］.［Eメール］				
[Key ?]	[Label]	[Show ?]	[EDITABLE ?]	[REQUIRE ?]	[SEARCH ?]
		✓		✓	✓

○図9-7：申請者Eメール

有給休暇マスタ：申請者Eメール (virtual)
type: Email　formula: =[社員番号].[Eメール]　　Delete　Done

Column name
Column name
申請者Eメール

App formula
Compute the value for this column instead of allowing user input.
= ［社員番号］.［Eメール］

Show?
Is this column visible in the app? You can also provide a 'Show_If' expression to decide.
☑

Type
Column data type
Email

⑧承認者氏名

De-reference Expressionを利用して社員名簿テーブルから承認者の氏名を取得します。表9-7のように設定してください（図9-8）。

○表9-7：【Column】承認者氏名

カラムタイプ	Virtual Column				
[Column Name]	承認者氏名				
[Type]	Text				
[App formula]	［承認者］.［氏名］				
[Key ?]	[Label]	[Show ?]	[EDITABLE ?]	[REQUIRE ?]	[SEARCH ?]
		✓		✓	✓

○図9-8：承認者氏名

⑨承認者Eメール

De-reference expressionを利用して社員名簿テーブルから承認者のEメールアドレスを取得します。表9-8のように設定してください（図9-9）。

○表9-8：【Column】承認者Eメール

カラムタイプ	Virtual Column				
[Column Name]	承認者Eメール				
[Type]	Email				
[App formula]	［承認者］.［Eメール］				
[Key ?]	[Label]	[Show ?]	[EDITABLE ?]	[REQUIRE ?]	[SEARCH ?]
		✓		✓	✓

○図9-9：承認者Eメール

⑩取得日数（仮設定）

　取得日数はこれまで取得した休暇合計日数を計算で求めるためVirtual column
として定義します。ただし、合計日数を求めるためには先に休暇申請テーブル
との関連付けが必要になります。そのため現段階では表9-9のように仮設定を
しておき、休暇申請テーブルとの関連付けをしたあとに［App formula］に計算式
を設定することとします（図9-10）。なお、Virtual columnは［App formula］に何
も入力しないと保存できないので、数字の「0」を入れておいてください。

○表9-9：【Column】取得日数（仮設定）

カラムタイプ	Virtual Column				
[Column Name]	取得日数				
[Type]	Number				
[App formula]	0				
[Key ?]	[Label]	[Show ?]	[EDITABLE ?]	[REQUIRE ?]	[SEARCH ?]
		✓		✓	✓

○図9-10：取得日数（仮設定）

有給休暇マスタ：取得日数 (virtual)   Delete   Done   ⌄
type: **Number**   formula: =0

Column name Column name	取得日数
App formula Compute the value for this column instead of allowing user input.	= 0 ⚗
Show? Is this column visible in the app? You can also provide a 'Show_If' expression to decide.	☑ ⚗
Type Column data type	Number ▼
Type Details	⌄

⑪申請中日数（仮設定）

⑩取得日数と同様にVirtual columnとして仮設定します。表9-10のように設定してください（図9-11）。

○表9-10：【Column】申請中日数（仮設定）

カラムタイプ	Virtual Column				
[Column Name]	申請中日数				
[Type]	Number				
[App formula]	0				
[Key ?]	[Label]	[Show ?]	[EDITABLE ?]	[REQUIRE ?]	[SEARCH ?]
		✓		✓	✓

○図9-11：申請中日数 (仮設定)

有給休暇マスタ：申請中日数 (virtual)
type: Number　formula: =0

Delete　Done

Column name
Column name

申請中日数

App formula
Compute the value for this column
instead of allowing user input.

= 0

Show?
Is this column visible in the app?
You can also provide a 'Show_If'
expression to decide.

☑

Type
Column data type

Number

Type Details

⑫残日数

　残日数は単にカラム間で計算するだけのVirtual Columnです。表9-11のように設定してください（図9-12）。

○表9-11：【Column】残日数

カラムタイプ	Virtual Column				
[Column Name]	残日数				
[Type]	Number				
[App formula]	［有給休暇日数］－［取得日数］－［申請中日数］				
[Key ?]	[Label]	[Show ?]	[EDITABLE ?]	[REQUIRE ?]	[SEARCH ?]
		✓		✓	✓

○図9-12：残日数

9-3 休暇申請テーブル

続いて、休暇申請テーブルのカラムをカスタマイズします。休暇申請テーブルのタイルを開いて［View Columns］からカラム編集画面にします。

設定表に記載のない項目は初期値のままにしてください。

①_RowNumber

AppSheetが各テーブルに自動的に作成するシステムカラムのため触れません。

②ID

休暇申請テーブルの主キーとなるカラムです。AppSheetのUNIQUEID()関数を使ってユニークな値を初期値として設定します。表9-12のように設定してください（図9-14）。

UNIQUEID()の関数では8桁の英数字がランダムに返されますが、ユーザーに見せてしまうと誤解を招く可能性もあり、必ずしも提示する必要性がない情報なので［Show？］の設定は外しましょう。

○図9-13：休暇申請テーブル（設定前）

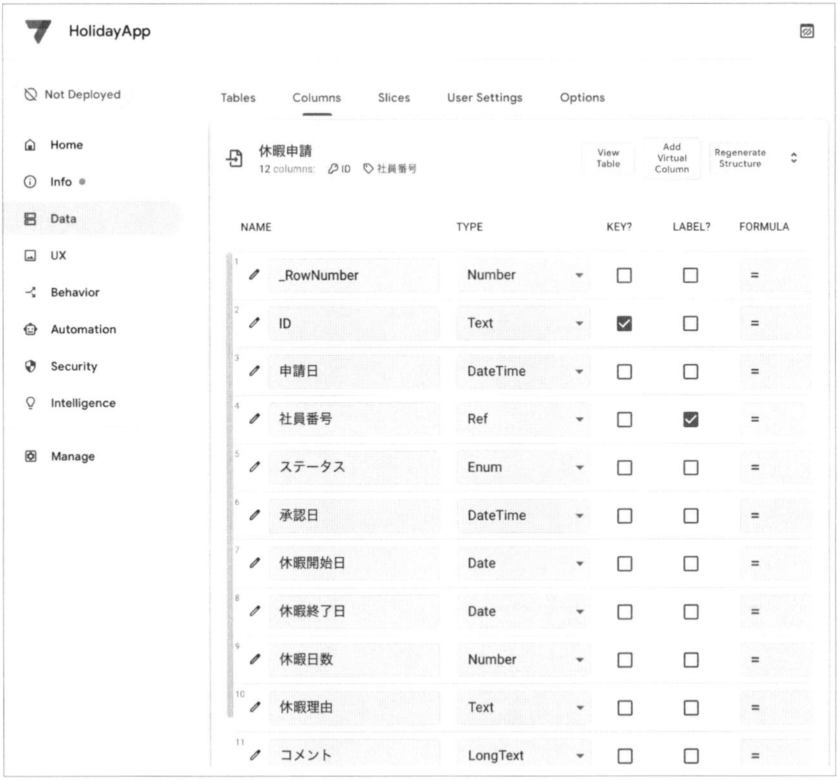

○表9-12：【Column】ID

[Column Name]	ID				
[Type]	Text				
[Initial value]	UNIQUEID()				
[Key ?]	[Label]	[Show ?]	[EDITABLE ?]	[REQUIRE ?]	[SEARCH ?]
✓			✓	✓	

○図9-14：ID

③申請日

　AppSheetのNOW()関数を使って現在の日時を初期値として設定します。表9-13のように設定してください（図9-15）。

○表9-13：【Column】申請日

[Column Name]	申請日				
[Type]	DateTime				
[Initial value]	NOW()				
[Key ?]	[Label]	[Show ?]	[EDITABLE ?]	[REQUIRE ?]	[SEARCH ?]
		✓	✓	✓	✓

○図9-15：申請日

休暇申請：申請日
type: DateTime

Done ⌄

Column name
Column name

申請日

Show?
Is this column visible in the app?
You can also provide a 'Show_If'
expression to decide.

☑

⚗

Type
Column data type

DateTime

④社員番号

表9-14のように設定してください（図9-16、図9-17）。

有給休暇マスタテーブルと休暇申請テーブルは"1対多"の親子関係になります。[Type]を「Ref」にして、[Source table]に「有給休暇マスタ」を選択するだけで、De-reference Expressionを利用して休暇申請テーブルから有給休暇マスタテーブルのカラムを参照できます。社員番号の設定は以降で重要な働きをするので注意して設定してください。また[Label]にチェックを入れるのを忘れないでください。さらに申請者が他人の代理申請ができないよう、[Editable？]のチェックは外してください。

○表9-14：【Column】社員番号

[Column Name]	社員番号				
[Type]	Ref				
[Source table]	有給休暇マスタ				
[Input Mode]	Auto				
[App formula]					
[Initial value]	ANY(SELECT(社員名簿[社員番号]，[Eメール]=USEREMAIL()))				
[Key？]	[Label]	[Show？]	[EDITABLE？]	[REQUIRE？]	[SEARCH？]
	✓	✓		✓	✓

○図9-16：社員番号 (1)

○図9-17：社員番号 (2)

なお、[Initial value]は「社員名簿から現在の利用者のEメールに合致する社員番号を取得する」という意味です。自分で申請するので、自分の社員番号をあらかじめ入力するわけです。

⑤ステータス

ステータスは申請の状態を管理する重要なカラムです。また休暇申請画面を開いた人が、立場(「人事部スタッフ」「申請者」「承認者」)によって選択できるステータス項目を変化させる必要があります。これらのステータスは「9-5：Actionを作成する」で設定します。

- 人事部スタッフ：申請、取消、承認、却下
- 申請者：申請、取消
- 承認者：承認、却下

表9-15のように設定してください(図9-18、図9-19)。

○表9-15：【Column】ステータス

[Column Name]	ステータス			
[Type]	Text			
[Initial value]	"申請"			
[Key ?]	[Label]	[Show ?]	[EDITABLE ?]	[REQUIRE ?]	[SEARCH ?]
		✓	false	✓	✓

○図9-18：ステータス (1)

　なお、［Editable ?］にチェックではなくExpression式の「false」を指定してい
るのは、手入力では編集不可とし、Actionでは変更可能とするための設定です。
ステータスはActionでしか変更しないためです。

○図9-19：ステータス (2)

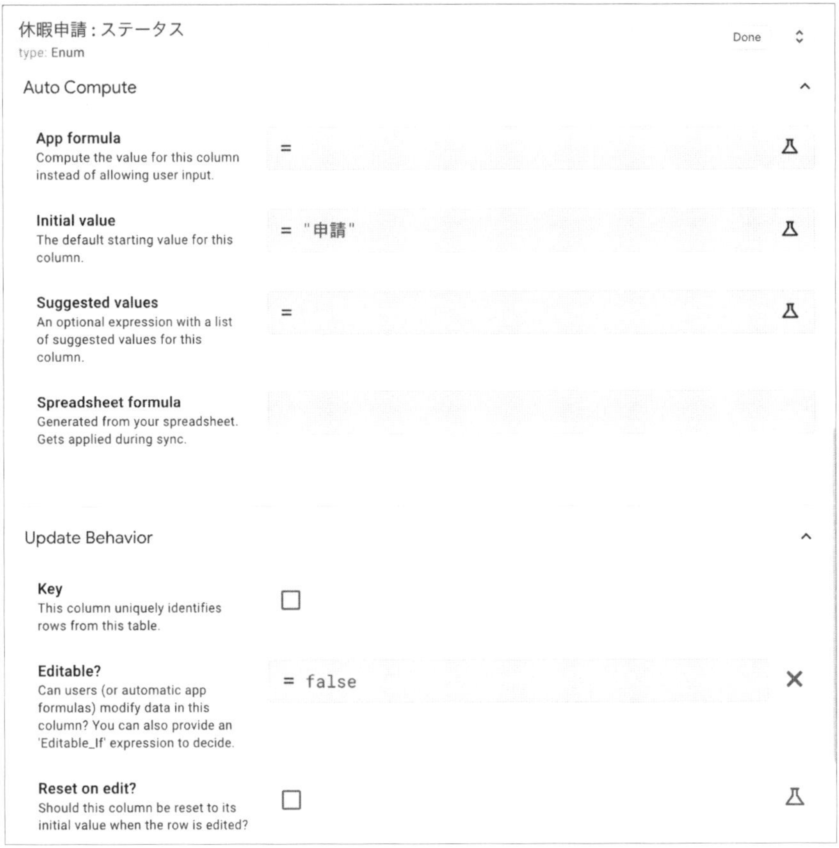

⑥承認日

　ステータスが"承認"になった時点の日時を設定します。ただし、ステータスの承認への変更と承認日はAction内で設定するため、[Editable ?]には手入力では編集不可としActionでは変更可能とするため「false」を設定します。また、申請時点では不要なので、[Initial value]に「NOW()」が入っている場合は削除します。

　表9-16のように設定してください（図9-20）。

○表9-16：【Column】承認日

[Column Name]	承認日				
[Type]	DateTime				
[Key ?]	[Label]	[Show ?]	[EDITABLE ?]	[REQUIRE ?]	[SEARCH ?]
		✓	false		✓

○図9-20：承認日

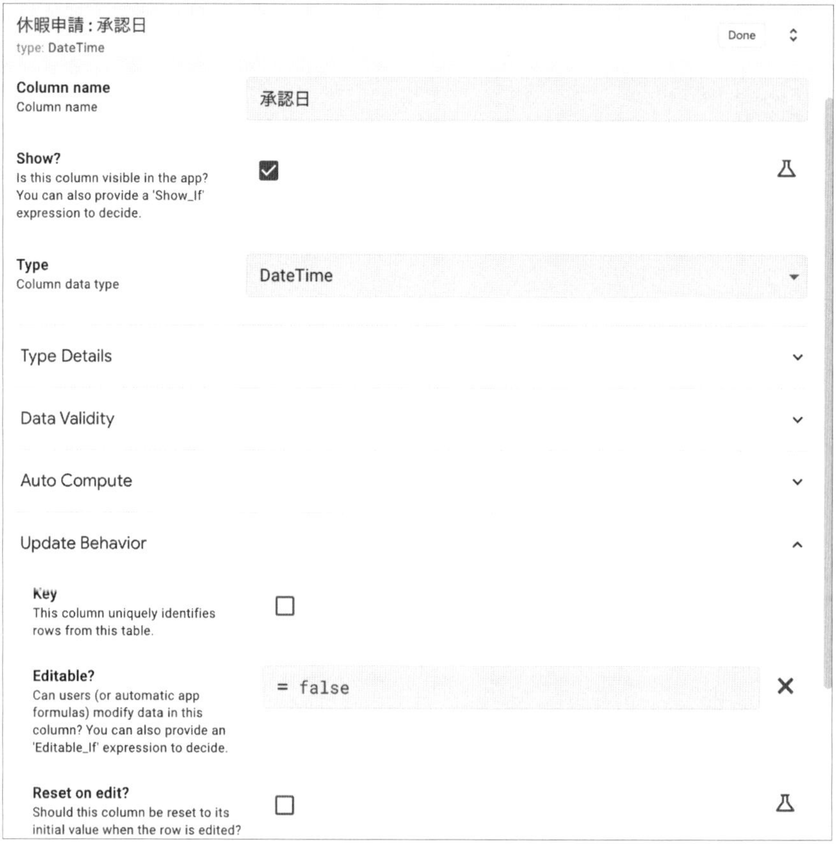

⑦休暇開始日

表9-17のように設定してください（図9-21）。

○表9-17：【Column】休暇開始日

[Column Name]	休暇開始日				
[Type]	Date				
[Initial value]	TODAY()				
[Key ?]	[Label]	[Show ?]	[EDITABLE ?]	[REQUIRE ?]	[SEARCH ?]
		✓	✓	✓	✓

○図9-21：休暇開始日

休暇申請：休暇開始日
type: Date
　　　　　　　　　　　　　　　　　　　　　　　Done

Column name
Column name
　　　　　　　　休暇開始日

Show?
Is this column visible in the app?
You can also provide a 'Show_If'
expression to decide.
　　　　✓

Type
Column data type
　　　　　　　　Date

Type Details

　　Use long date format
　　　　　　　　□

Data Validity

Auto Compute

Update Behavior

Display

Other Properties

⑧休暇終了日

表9-18のように設定してください（図9-22）。

○表9-18：【Column】休暇終了日

[Column Name]	休暇終了日					
[Type]	Date					
[Initial value]	TODAY()					
[Key ?]	[Label]	[Show ?]	[EDITABLE ?]	[REQUIRE ?]	[SEARCH ?]	
		✓	✓	✓	✓	

○図9-22：休暇終了日

⑨休暇日数

　表9-19のように設定してください（図9-23）。［Maximum value］を40日にしたのは年次繰越機能の追加を考慮して20日の倍にしています。

○表9-19：【Column】休暇日数

[Column Name]	休暇日数				
[Type]	Number				
[Numeric digits]	2				
[Display mode]	Auto				
[Maximum value]	40				
[Minimum value]	1				
[Increase/decrease step]	1				
[Key ?]	[Label]	[Show ?]	[EDITABLE ?]	[REQUIRE ?]	[SEARCH ?]
		✓	✓	✓	✓

○図9-23：休暇日数

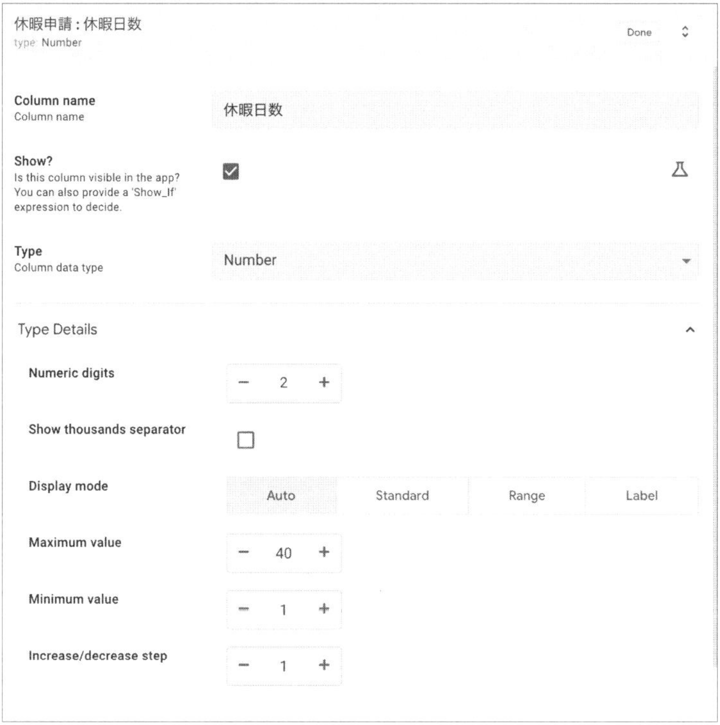

⑩休暇理由

表9-20のように設定してください（図9-24）。

○表9-20：【Column】休暇理由

[Column Name]	休暇理由				
[Type]	Text				
[Key ?]	[Label]	[Show ?]	[EDITABLE ?]	[REQUIRE ?]	[SEARCH ?]
		✓	✓		✓

○図9-24：休暇理由

休暇申請：休暇理由 type: Text		Done
Column name Column name	休暇理由	
Show? Is this column visible in the app? You can also provide a 'Show_If' expression to decide.	☑	⚗
Type Column data type	Text	

⑪コメント

表9-21のように設定してください（図9-25）。

○表9-21：【Column】コメント

[Column Name]	コメント				
[Type]	LongText				
[Key ?]	[Label]	[Show ?]	[EDITABLE ?]	[REQUIRE ?]	[SEARCH ?]
		✓	✓		✓

○図9-25：コメント

⑫更新日

表9-22のように設定してください（図9-26）。[Type]に「ChangeTimestamp」を選択すると、同じ行のカラムが更新されると更新日も更新されるようになります。[Type Details]の[Columns]と[Values]を使うと、どのカラムがどの値になったら更新するかという設定もできますが、ここでは使用しません。

○表9-22：【Column】更新日

[Column Name]	更新日				
[Type]	ChangeTimestamp				
[Key ?]	[Label]	[Show ?]	[EDITABLE ?]	[REQUIRE ?]	[SEARCH ?]
		✓	✓		✓

○図9-26：更新日

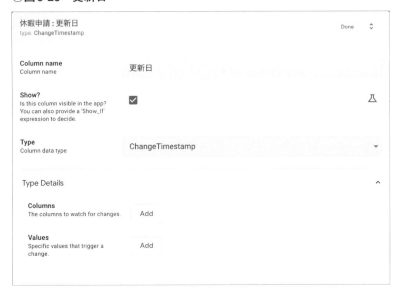

⑬申請者氏名

　申請者氏名はVirtual columとして定義します。④社員番号で［Type］を「Ref」にして、［Source table］を「有給休暇マスタ」と設定しました。つまりシステム内では休暇申請テーブルが社員番号をキーとして有給休暇マスタテーブルに関連付けられています。このことから、［App formula］として次のDe-reference Expression式を記述するだけで、休暇申請テーブルから有給休暇マスタテーブルのすべてのカラムを参照できます。なお、参照型であるVirtual columnにはデータの入力や編集はできません。

［社員番号］.［有給休暇マスタのカラム名］

　表9-23のように設定してください（図9-27）。

○表9-23：【Column】申請者氏名

カラムタイプ	Virtual				
[Column Name]	申請者氏名				
[Type]	Text				
[App formula]	［社員番号］.［申請者氏名］				
[Key ?]	[Label]	[Show ?]	[EDITABLE ?]	[REQUIRE ?]	[SEARCH ?]
		✓		✓	✓

○図9-27：申請者氏名

休暇申請：申請者氏名 (virtual)
type: Name　formula: =[社員番号].[申請者氏名]　　　　Delete　Done

Column name
Column name

申請者氏名

App formula
Compute the value for this column
instead of allowing user input.

= ［社員番号］.［申請者氏名］

Show?
Is this column visible in the app?
You can also provide a 'Show_If'
expression to decide.

☑

Type
Column data type

Name

⑭申請者部署

⑬申請者氏名と同じく、Virtual Column と De-reference expression を利用して有給休暇マスタテーブルから部署名を取得します。表9-24のように設定してください（図9-28）。

○表9-24：【Column】申請者部署

カラムタイプ	Virtual				
[Column Name]	部署				
[Type]	Text				
[App formula]	［社員番号］.［部署］				
[Key ?]	[Label]	[Show ?]	[EDITABLE ?]	[REQUIRE ?]	[SEARCH ?]
		✓		✓	✓

○図9-28：申請者部署

```
休暇申請：部署 (virtual)
type: Text    formula: =[社員番号].[部署]              Delete    Done    ↕
```

Column name Column name	部署
App formula Compute the value for this column instead of allowing user input.	＝ ［社員番号］．［部署］　　🝮
Show? Is this column visible in the app? You can also provide a 'Show_If' expression to decide.	☑　　🝮
Type Column data type	Text ▾

⑮申請者Eメール

⑬申請者氏名と同じく、Virtual Column と De-reference expression を利用して有給休暇マスタテーブルから申請者Eメールを取得します。表9-25のように設定してください（図9-29）。

○表9-25：【Column】申請者Eメール

カラムタイプ	Virtual				
[Column Name]	申請者ヒメール				
[Type]	Email				
[App formula]	［社員番号］.［申請者Eメール］				
[Key ?]	[Label]	[Show ?]	[EDITABLE ?]	[REQUIRE ?]	[SEARCH ?]
		✓		✓	✓

○図9-29：申請者Eメール

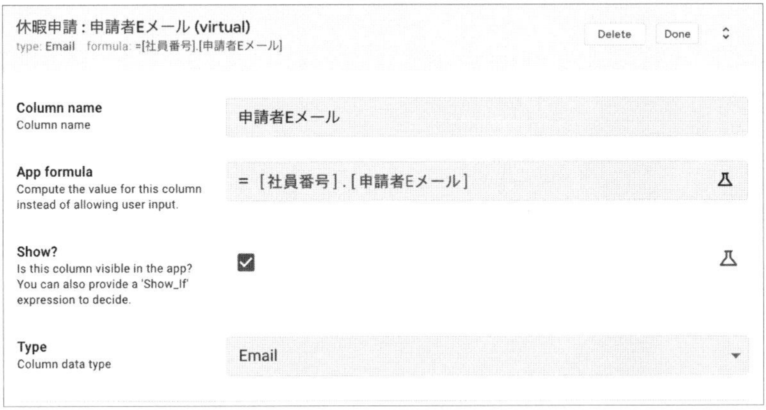

休暇申請 : 申請者Eメール (virtual)
type: Email   formula: =[社員番号].[申請者Eメール]   Delete   Done   ↕

Column name Column name	申請者Eメール
App formula Compute the value for this column instead of allowing user input.	= [社員番号].[申請者Eメール] ⚗
Show? Is this column visible in the app? You can also provide a 'Show_If' expression to decide.	✓ ⚗
Type Column data type	Email

⑯承認者

⑬申請者氏名と同じく、Virtual Column と De-reference expression を利用して有給休暇マスタテーブルから承認者を取得します。また同時に「Ref」で「社員名簿」を参照するようにします。こうすることで、承認者を View で表示した際に社員名簿の Label、つまり「氏名」と「写真」を表示できるようになります。

表9-26のように設定してください（図9-30）。

○表9-26：【Column】承認者

カラムタイプ	Virtual				
[Column Name]	承認者				
[App formula]	[社員番号].[承認者]				
[Type]	Ref				
[Source table]	社員名簿				
[Key ?]	[Label]	[Show ?]	[EDITABLE ?]	[REQUIRE ?]	[SEARCH ?]
		✓		✓	✓

○図9-30：承認者

⑰承認者氏名

⑬申請者氏名と同じく、Virtual Column と De-reference expression を利用して有給休暇マスタテーブルから承認者氏名を取得します。表9-27のように設定してください（図9-31）。

○表9-27：【Column】承認者氏名

カラムタイプ	Virtual				
[Column Name]	承認者氏名				
[Type]	Text				
[App formula]	［社員番号］.［承認者氏名］				
[Key ?]	[Label]	[Show ?]	[EDITABLE ?]	[REQUIRE ?]	[SEARCH ?]
		✓		✓	✓

○図9-31：承認者氏名

休暇申請：承認者氏名 (virtual)
type: Text　formula: =[社員番号].[承認者氏名]　　　　Delete　Done

Column name
Column name
承認者氏名

App formula
Compute the value for this column
instead of allowing user input.
= ［社員番号］.［承認者氏名］

Show?
Is this column visible in the app?
You can also provide a 'Show_If'
expression to decide.
✓

Type
Column data type
Text

⑱承認者Eメール

⑬申請者氏名と同じく、Virtual Column と De-reference expression を利用して有給休暇マスタテーブルから承認者Eメールを取得します。表9-28のように設定してください（図9-32）。

○表9-28：【Column】承認者Eメール

カラムタイプ	Virtual				
[Column Name]	承認者Eメール				
[Type]	Email				
[App formula]	［社員番号］.［承認者[メ　ル］				
[Key ?]	[Label]	[Show ?]	[EDITABLE ?]	[REQUIRE ?]	[SEARCH ?]
		✓		✓	✓

○図9-32：承認者Eメール

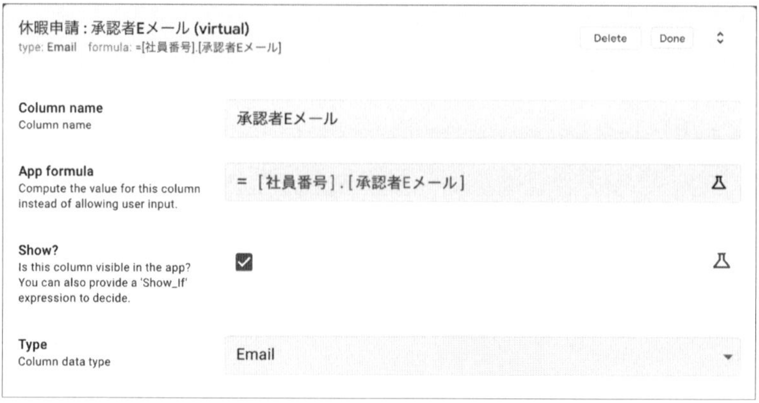

9-4 有給休暇マスタを仕上げる

「9-2：有給休暇マスタテーブル」のカスタマイズで、⑩取得日数と⑪申請中日数が仮設定の状態でした。理由は先に休暇申請テーブルの一部の設定が必要だったためです。

逆関連付けの「Related 休暇申請s」

ところで、休暇申請テーブルの④社員番号の設定で、［Type］を「Ref」にして［Source table］で「有給休暇マスタ」を設定しました。実は、その際に有給休暇マスタテーブル側にも逆関連付けを行う「Related 休暇申請s」というカラムがAppSheetによって自動作成されています（表9-29、図9-33）。

○表9-29：【Column】Related 休暇申請s

カラムタイプ	Virtual Column				
[Column Name]	Related 休暇申請s				
[Type]	List				
[App formula]	REF_ROWS("休暇申請", "社員番号")				
[Element type]	Ref				
[Referenced table name]	休暇申請				
[Key ?]	[Label]	[Show ?]	[EDITABLE ?]	[REQUIRE ?]	[SEARCH ?]
		✓		✓	✓

○図9-33：Related 休暇申請s

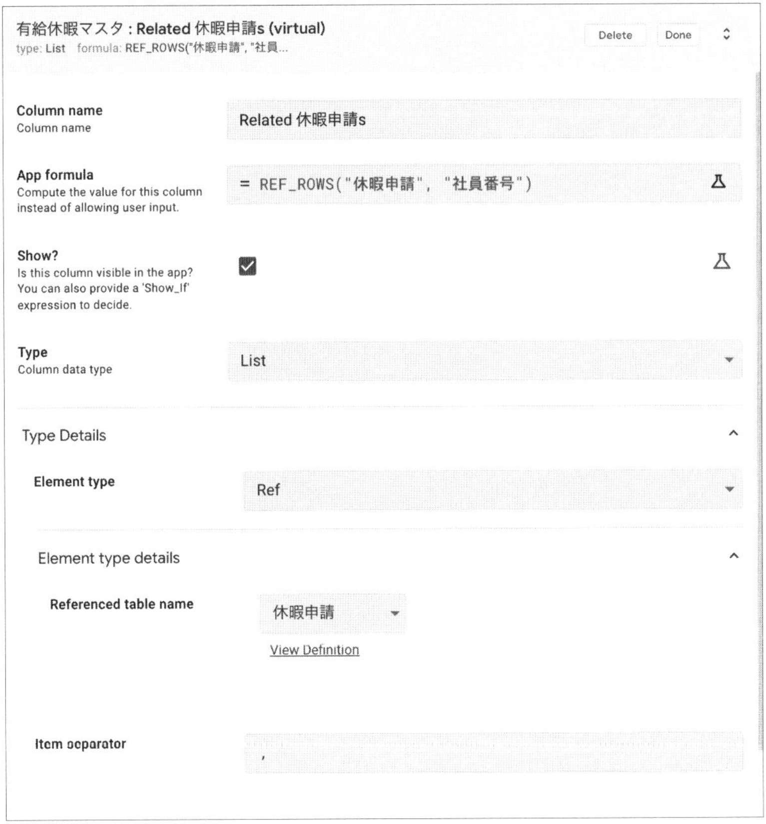

　［App formula］には次のように書かれています。REF_ROWSは AppSheetの関数で「指定された"社員番号"をキーとして休暇申請テーブルを関連付けたListを作る」という意味です。

```
REF_ROWS("休暇申請", "社員番号")
```

　このカラムはList型ではありますが、Expression式の中で次のように使用できます。

```
［Related 休暇申請s］［休暇申請テーブルのカラム名］
```

取得日数を求める式

　上記の仕組みを使って「取得日数」を求める次の式を［App formula］として定義できます。「休暇申請テーブルの"ステータス"が"承認"である行の"休暇日数"カラムの合計値を求める」という意味で、取得済みの休暇日数です。

```
・取得日数
 SUM(SELECT(［Related 休暇申請s］［休暇日数］, ［ステータス］="承認"))
```

申請中日数

　「申請中日数」を求める次の式も［App formula］として定義できます。「休暇申請テーブルの"ステータス"が"申請"である行の"休暇日数"カラムの合計値を求める」という意味で、申請中の休暇日数です。

```
・申請中日数
 SUM(SELECT(［Related 休暇申請s］［休暇日数］,［ステータス］="申請"))
```

これらを踏まえて、有給休暇マスタテーブルの⑩取得日数と⑪申請中日数は次のようになります。

⑩取得日数

表9-30のように設定してください（図9-34）。

○表9-30：【Column】取得日数

カラムタイプ	Virtual Column				
[Column Name]	取得日数				
[Type]	Number				
[App formula]	SUM(SELECT([Related 休暇申請s][休暇日数],[ステータス]="承認"))				
[Key？]	[Label]	[Show？]	[EDITABLE？]	[REQUIRE？]	[SEARCH？]
		✓		✓	✓

○図9-34：取得日数

⑪申請中日数

表9-31のように設定してください（図9-35）。

○表9-31：【Column】申請中日数

カラムタイプ	Virtual Column					
[Column Name]	申請中日数					
[Type]	Number					
[App formula]	SUM(SELECT([Related 休暇申請s][休暇日数],[ステータス]="申請"))					
[Key ?]	[Label]	[Show ?]	[EDITABLE ?]	[REQUIRE ?]	[SEARCH ?]	
		✓		✓	✓	

○図9-35：申請中日数

2つのテーブル（「有休休暇マスタ」「休暇申請」）を行ったり来たりで少々わかりづらかったかもしれませんが、以上ですべてのテーブルの設定は完了しました。

9-5 Actionを作成する

作成するAction

休暇申請アプリでは4つのACTION（「承認」「却下」「取消」「有休状況」）を作成します（表9-32）。

○表9-32：作成するAction

No	Action name	説明	利用できる人
[1]	承認	承認者が休暇申請を承認する。	承認者、人事部
[2]	却下	承認者が休暇申請を却下する。	承認者、人事部
[3]	取消	申請者が未承認の休暇申請を取り消す	申請者、人事部
[4]	有休状況	承認者が休暇申請の承認を判断するときに、部下の有休取得状況を確認する	承認者、人事部

　なお、本アプリでの「取消」の意味は申請者が承認される前に自分で取り消す操作です。承認後に取り消す機能は実装していません。承認後に取り消す場合は、本アプリの管理を担う人事部に依頼して取り消してもらうことになります。

Actionの作成方法

　AppSheet Editorのペインメニュー[Behavior]⇒[Actions]で[＋New Action]をクリックすると、New Action画面が開きます。設定する内容は次項で説明しますが、記載のない設定は初期値のままにしてください。

　また、[Do this]で定義する2つのActionは136ページを参照してください。

Actionボタンの表示方法

　休暇申請アプリでは[Prominence]でActionボタンの画面の表示方法を指定します。Prominenceは「突起部」などの意味で、[Display overlay][Display Prominently][Display Inline][Do not display]の4つから選択できます。

　[Do not display]はその名のとおり画面には表示しません。Automation機能の一部のActionとして使う場合やGrouped Actionの中で利用したり、Actionをフォームの保存時に実行させる場合などに使用します。

● [Prominence]⇒[Display overlay]

画面右下にフローティング表示されます（図9-36）。つまり画面を上下にスクロールしてもACTIONボタンは移動しません。またそのままではACTION名は表示されませんが、カーソルをボタンにのせるとACTION名がバルーン表示されます。

● [Prominence]⇒[Display Prominently]

Actionボタンが画面上部にAction名とともに固定表示されます（図9-37）。表示固定なので、画面を下にスクロールするとActionボタンが画面から見えなくなる場合があります。

● [Prominence]⇒[Display Inline]

Actionを関連させる項目とともに指定すると、画面情報の中にActionボタンがインラインで小さく表示されます（図9-38）。Action名は表示されませんが、カーソルをボタンに乗せるとバルーン表示されます。

○図9-36：Display overlay（表示例）　　○図9-37：Display Prominently（表示例）

○**図9-38：Display Inline（表示例）**

Actionの設定内容

　それでは、表9-32のActionを設定していきます。設定項目は次のとおりです。表9-33〜表9-36の値を設定してください（図9-39〜図9-42）。

①：［Action Name］

②：［For a record of this table］

③：［Do this］

④：［Set these columns］または［Target］

⑤：［Appearance］⇒［Action icon］

⑥：［Appearance］⇒［Prominence］

⑦：［Behavior］⇒［Only if this condition is true］

⑧：［Behavior］⇒［Needs confirmation?］

⑨：［Behavior］⇒［Confirmation Message］

○表9-33：【Action】［1］承認 <small>（設定画面は図9-39）</small>

項目	設定値
①	承認
②	休暇申請
③	Data: set the values of some columns in this row
④	ステータス=" 承認 "
	承認日 =NOW( )
⑤	✅（check-circle）
⑥	Display Prominently
⑦	AND(［ステータス］=" 申請 ",OR(［承認者 E メール］=USEREMAIL(), ANY(SELECT(社員名簿 ［部署］,［E メール］=USEREMAIL( )))=" 人事部 "))
⑧	ON
⑨	本当に申請を承認しますか？

○表9-34：【Action】［2］却下 <small>（設定画面は図9-40）</small>

項目	設定値
①	却下
②	休暇申請
③	Data: set the values of some columns in this row
④	ステータス=" 却下 "
	承認日 =""
⑤	⩯（align-slash）
⑥	Display Prominently
⑦	AND(［ス テ ー タ ス］-" 申請 ",OR(［承認者 E メール］-U3EREMAIL(), ANY(3ELECT(社員名簿 ［部署］,［E メール］=USEREMAIL( )))=" 人事部 "))
⑧	ON
⑨	本当に申請を却下しますか？

　承認Action（表9-33）の④ではステータスに"承認"を設定するとともに、承認日に現在時刻をセットしています。⑦の式は「ステータスが"申請"、かつ現在のユーザーが承認者または人事部である」という意味で、承認Actionのボタンは、ログインしているユーザーが社員名簿上で人事部に属している、もしくは、その申請の承認者として指定されている場合にのみ表示されることとなります。申請者本人を含め、この条件を満たさないケースではActionボタンが表示されません。

○表9-35：【Action】[3] 取消（設定画面は図9-41）

項目	設定値
①	取消
②	休暇申請
③	Data: set the values of some columns in this row
④	ステータス="取消"
	承認日=""
⑤	⊠ (align-slash)
⑥	Display Prominently
⑦	AND([ステータス]="申請",OR([申請者Eメール]=USEREMAIL(), ANY(SELECT(社員名簿[部署],[Eメール]=USEREMAIL()))="人事部"))
⑧	ON
⑨	本当に申請を取消しますか？

○表9-36：【Action】[4] 有休状況（設定画面は図9-42）

項目	設定値
①	有休状況
②	休暇申請
③	App: go to another view within this app.
④	LINKTOROW([社員番号],"My有休情報_Detail")
⑤	⧗ (hourglass-half)
⑥	Display Prominently
⑦	true
⑧	OFF
⑨	

却下 Action（表9-34）でも Action ボタンは承認者と人事部の社員にしか表示されません。

取消 Action（表9-35）は申請者と人事部の社員にしか表示されません。⑦の式は「ステータスが"申請"、かつ現在のユーザーが申請者または人事部である」という意味です。

有休状況 Action（表9-36）の④（[Target]）の式は、AppSheet の LINKTOROW 関数を使って他の画面を呼び出しています。関数の構文は次のとおりです。

```
LINKTOROW（[呼び出すViewの元となるテーブルのキー]、"呼び出すViewの名前"）
```

ここで呼び出す「My有休情報_Detail」の元となるのは有給休暇マスタなので、キーは「社員番号」です。そのため表9-36の④は、社員番号をキーとして、合致するレコードを「My有休情報_Detail」Viewで表示するという動作になります。

◯図9-39：【Action】[1] 承認 （設定値は表9-33）

○図9-40：【Action】[2] 却下 (設定値は表9-34)

Display

229

○図9-41：【Action】[3] 取消（設定値は表9-35）

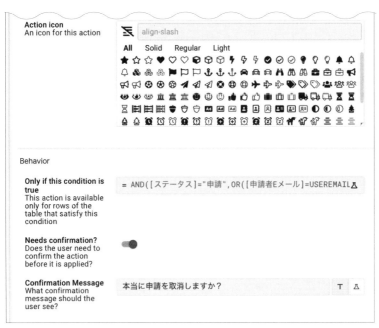

○図9-42：【Action】[4] 有休状況 (設定値は表9-36)

有休状況
effect: App: go to another view within this app

Action name
A unique name for this action

有休状況

For a record of this table
This action applies to rows of which table?

休暇申請

View Definition

Do this
The type of action to perform

App: go to another view within this app

Target
App link target

= LINKTOROW([社員番号],"My有休情報_Detail")

Appearance

Display name
The name shown for this action in the app. Leave this empty to just use the action name. Or give it a text value (double quoted) or a formula.

Action icon
An icon for this action

hourglass-half

All   Solid   Regular   Light

Prominence
Some actions are used often and should be prominently displayed.

Display overlay | Display prominently | Display inline | Do not display

Behavior

Only if this condition is true
This action is available only for rows of the table that satisfy this condition

= true

Needs confirmation?
Does the user need to confirm the action before it is applied?

Confirmation Message
What confirmation message should the user see?

Documentation

9-6 Sliceを作成する

　休暇申請アプリでは、ユーザーが自ら作成した申請データだけにアクセスするViewを作成したり、自身が承認者となっている申請のみを表示するViewを作成するためにSlice（仮想テーブル）を利用します。

　ここでは、問い合わせテーブルから4つのSlice（「My申請」「My有休情報」「My申請受付」「My部下有休情報」）を作成します。

　それぞれの目的は次のとおりです。

- My申請
  自分の申請がどうなっているかを確認するため
- My有休情報
  自分の有給休暇が何日付与され、何日残っているかなどを確認するため
- My申請受付
  承認者が部下から申請された承認するべき申請を確認するため
- My部下有休情報
  承認者が部下の有給休暇の使用状況を確認するため

Sliceの設定内容

　設定項目は次のとおりです。表9-37〜表9-40の値を設定してください（図9-43〜図9-46）。

①：［Slice Name］
②：［Source Table］
③：［Row filter condition］
④：［Slice Columns］
⑤：［Slice Actions］
⑥：［Update mode］

○表9-37：【Slice】My申請 (設定画面は図9-43)

項目	設定値
①	My申請
②	休暇申請
③	［申請者Eメール］=USEREMAIL()
④	すべて（初期値のまま）
⑤	取消
⑥	Updates

○表9-38：【Slice】My有休情報 (設定画面は図9-44)

項目	設定値
①	My有休情報
②	有給休暇マスタ
③	［申請者Eメール］=USEREMAIL()
④	「Related 休暇申請s」を除くすべて
⑤	なし
⑥	Read-Only

○表9-39：【Slice】My申請受付 (設定画面は図9-45)

項目	設定値
①	My申請受付
②	休暇申請
③	AND(［承認者Eメール］=USEREMAIL(),［ステータス］="申請")
④	すべて（初期値のまま）
⑤	承認、却下、有休状況
⑥	Updates

○表9-40：【Slice】My部下有休情報 (設定画面は図9-46)

項目	設定値
①	My部下有休情報
②	有給休暇マスタ
③	［承認者Eメール］=USEREMAIL()
④	「Related 休暇申請s」を除くすべて
⑤	なし
⑥	Read-Only

◯図9-43：【Slice】My申請（設定値は表9-37）

○図9-44：【Slice】My有休情報（設定値は表9-38）

My有休情報
🔒 data: 有給休暇マスタ　condition: [申請者Eメール]=USEREMAIL()

| Slice Name
The unique name for this slice | My有休情報 |

Source Table
Which table to use as a source

有給休暇マスタ ▾

View Definition

Row filter condition
True/false expression that checks
if a row should be included in the
slice

= [申請者Eメール]=USEREMAIL()　　⚗

Slice Columns
Columns to include in the slice

＋ Add　　　　　　　　🔍 Search..

∷　_RowNumber

∷　社員番号　　Key

∷　申請者氏名

∷　部署

∷　申請者Eメール

∷　有給休暇日数

∷　申請中日数

∷　取得日数

Slice Actions
Actions to include in the slice

Add

Update mode
Are adds, deletes and updates
allowed?

× Updates　　× Adds　　× Deletes　　Read-Only

Descriptive comment
Comments help you and your
collaborators better record and
understand the structure of the app

235

○図9-45：【Slice】My申請受付 (設定値は表9-39)

◯図9-46：【Slice】My部下有休情報（設定値は表9-40）

My部下有休情報
🔒 data: 有給休暇マスタ condition: [承認者Eメール]=USEREMAIL()

Slice Name
The unique name for this slice

My部下有休情報

Source Table
Which table to use as a source

有給休暇マスタ ▾

View Definition

Row filter condition
True/false expression that checks
if a row should be included in the
slice

= [承認者Eメール]=USEREMAIL() ⚗

Slice Columns
Columns to include in the slice

+ Add   🔍 Search..

⠿ _RowNumber

⠿ 社員番号 Key

⠿ 有給休暇日数

⠿ 承認者

⠿ 申請者氏名

⠿ 部署

⠿ 申請者Eメール

⠿ 承認者氏名

Slice Actions
Actions to include in the slice

Add

Update mode
Are adds, deletes and updates
allowed?

× Updates   × Adds   × Deletes   Read-Only

Descriptive comment
Comments help you and your
collaborators better record and
understand the structure of the app

Slice作成時の補足

　Slice は、AppSheet Edior のペインメニュー［Data］⇒ ［Slices］タブの［＋New Slice］で新規 Slice 作成画面を表示して作成します。

　③［Row filter condition］の入力がほかの Expression の入力と異なるので戸惑うかもしれません（図9-47）。入力フィールドをクリックするといくつかの推奨条件が文章で表示されます。マッチする条件があればクリックすれば Expression が自動で入力されます。マッチしなければ最下部に［Create a custom expression］が表示されるので、クリックして［Expression Assistant］画面を表示して設定してください。

○図9-47：［Row filter condition］の入力

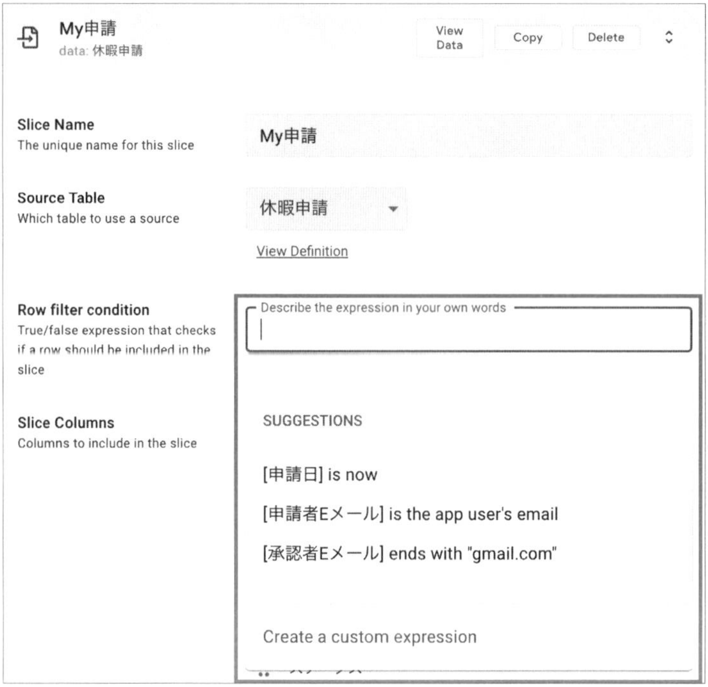

　④［Slice Columns］は全カラムを対象とするので基本的には何も操作しませんが、「My有休情報」と「My部下有休情報」の初期値には「Related 休暇申請s」が設

定されていることがあるので、「Related 休暇申請s」を削除してください。
「Related 休暇申請s」が設定されていると、該当のSliceをDetail View（詳細情報画面）として表示した際に、図9-48のように該当社員に関連する休暇申請一覧が表示され、その一覧をクリックするとステータス状態に関わらず休暇申請を修正できてしまいます。

○**図9-48：休暇申請の一覧が表示された状態**

⑤［Slice Action］は初期値が「**auto**」になっている場合があります。このままですと思いもしないActionが勝手に画面に出てきてしまうことがありますので、「**auto**」になっていた場合は削除してください。フィールド右端のゴミ箱マークを押せば消せます。逆に⑤［Slice Action］にActionを登録しないと、該当のSliceを使ったViewの中でActionが使えないので注意してください。Sliceごとに設定するActionが異なります。

1つのSliceが設定できたら必ずトップメニューの［Save］をクリックして設定を保存してください。4つのSliceが完成すれば作業は完了です（図9-49）。

○図9-49：Slice一覧

Chapter 10

［休暇申請アプリ③］
自動化処理を組み込もう

View の作成と
BOT によるメール送信の自動化

本章でView（画面）を作成してアプリを完成させます。また、
BOTによる自動化処理として、処理の状況を知らせるメール
送信を実装します。

10-1 作成するView

　休暇申請アプリでは6つのViewを作成し、AppSheetが生成した2つのView
をカスタマイズします。

作成するView

- My有休情報（対象：全社員）
  自分に付与されている「有休日数」「取得日数」「残日数」などを表示します。
- My申請状況（対象：全社員）
  申請者が自分の申請状況（「申請中」「承認」「却下」を確認します。
- My申請受付（対象：承認者）
  承認者が自分宛に申請されている休暇申請を一覧表示します。ここから個別
  の申請画面を表示して承認（または却下）します。
- My部下有休情報（対象：承認者）
  承認者が自分の部下の有給休暇取得状況を確認します。
- 休暇申請（対象：全社員）
  有給休暇を申請する入力フォームです。
- 全有給休暇申請（対象：人事部社員）
  社員全員の有給休暇申請を閲覧／データ修止できます。

カスタマイズするView

- 有給休暇マスタ（対象：人事部社員）
  有給休暇マスタをメンテナンスする画面です。人事部だけが利用できます。
- My申請受付_Detail（対象：承認者）
  承認（または却下）する際に、コメントフィールドだけ入力できるようにしま
  す。

10-2　My有休情報 View

表10-1のように作成してください（図10-1～図10-3）。記載のない項目は初期値のままにしてください。

○表10-1：【View】My有休情報

設定箇所	設定値
[View name]	My有休情報
[For this data]	My有休情報（slice）
[View type]	detail
[Position]	left most
[Icon]	⏳ (hourglass-start)

○図10-1：My有休情報（1）

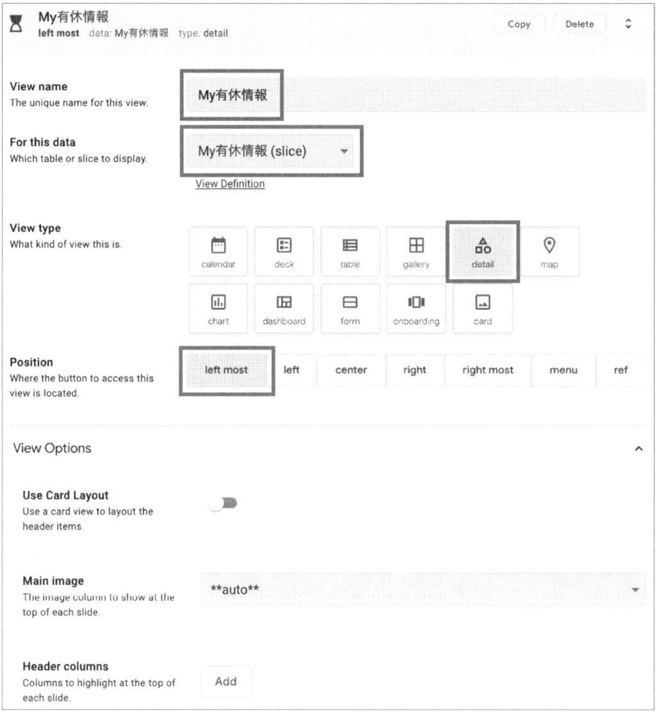

○図 10-2：My 有休情報（2）

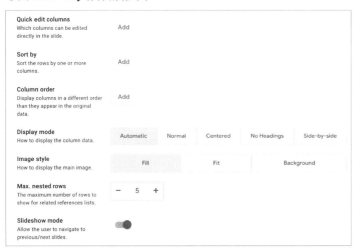

○図 10-3：My 有休情報（3）

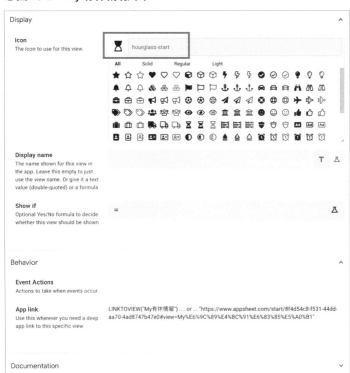

10-3 My申請状況 View

　表10-2のように作成してください（図10-4〜図10-6）。［Column order］では、一覧表示はなるべく少ない情報がよいので「申請日」「ステータス」「休暇開始日」「休暇終了日」「休暇日数」に絞りました。記載のない項目は初期値のままにしてください。

○表10-2：【View】My申請状況

設定箇所	設定値
[View name]	My申請状況
[For this data]	My申請（slice）
[View type]	table
[Position]	center
[Sort by]	申請日／ Accending
[Column order]	・申請日
	・ステータス
	・休暇開始日
	・休暇終了日
	・休暇日数
[Column width]	Narrow
[Icon]	📝 （edit）

○図10-4：My申請状況（1）

○図10-5：My申請状況（2）

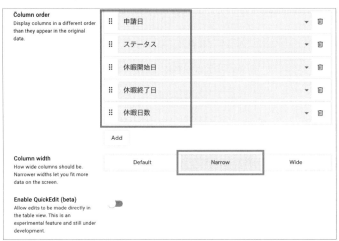

○図10-6：My申請状況（3）

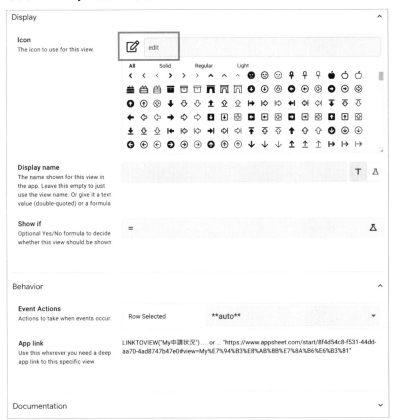

Chapter 1
Chapter 2
Chapter 3
Chapter 4
Chapter 5
Chapter 6
Chapter 7
Chapter 8
Chapter 9
Chapter 10

10-4　My申請受付View

　表10-3のように作成してください（図10-7〜図10-9）。My申請受付Viewでは
カラムの絞り込みはせず、全カラム表示します。シンプルな一覧にしたければ
［Column order］で表示するカラムを絞ってください。［Show if］では自分が承認
者となっている休暇申請だけを表示するために、次のExpressionを入力します。

```
ANY(SELECT(有給休暇マスタ[承認者Eメール],[承認者Eメール]=USEREMAIL())) = USEREMAIL()
```

　この式は「今ログインしてる自分のEメールアドレスが有給休暇マスタの承認者のEメールのいずれかと等しい」という意味です。つまり自分が承認者であるかどうかを判断しています。自分が承認者であればMy申請受付Viewはメニューに表示されますが、一般社員ですとこのViewはメニューに出てきません。

○表10-3：【View】My申請受付

設定箇所	設定値
[View name]	My申請受付
[For this data]	My申請受付（slice）
[View type]	table
[Position]	right most
[Sort by]	申請日／Accending
[Icon]	👤✔（user-check）
[Show if]	ANY(SELECT(有給休暇マスタ[承認者Eメール],[承認者Eメール] = USEREMAIL())) = USEREMAIL()

○図10-7：My申請受付（1）

Chapter 1
Chapter 2
Chapter 3
Chapter 4
Chapter 5
Chapter 6
Chapter 7
Chapter 8
Chapter 9
Chapter10

○図10-8：My申請受付 (2)

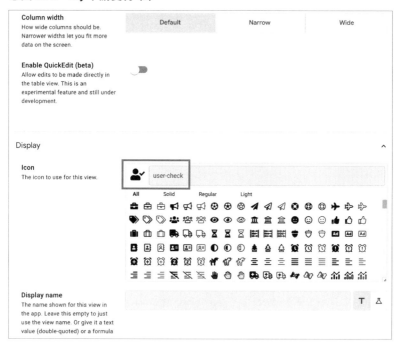

○図10-9：My申請受付 (3)

10-5 My部下有休情報View

表10-4のように作成してください（図10-10～図10-12）。[Show if]では自分が承認者となっている休暇申請だけを表示するために次のExpressionを入力します。あえてMy申請受付Viewと異なる表現をしてみましたが意味は同じです。

```
COUNT(SELECT(有給休暇マスタ[承認者Eメール], [承認者Eメール]=USEREMAIL())) > 0
```

○表10-4：【View】My部下有休情報

設定箇所	設定値
[View name]	My部下有休情報
[For this data]	My部下有休情報（slice）
[View type]	table
[Position]	right most
[Sort by]	社員番号／ Accending
[Column order]	・社員番号
	・部署
	・有給休暇日数
	・取得日数
	・申請中日数
	・残日数
	・承認者
[Icon]	⧗ (hourglass-start)
[Show if]	COUNT(SELECT(有給休暇マスタ[承認者Eメール], [承認者Eメール] = USEREMAIL())) > 0

○図10-10：My部下有休情報（1）

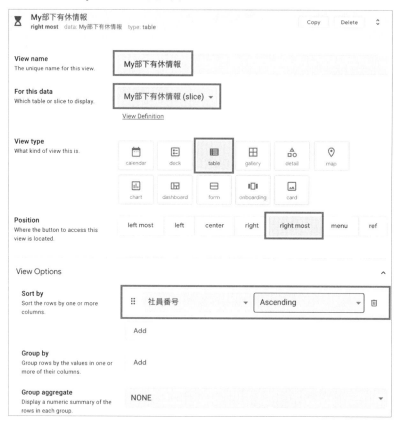

○図10-11：My部下有休情報 (2)

○図10-12：My部下有休情報 (3)

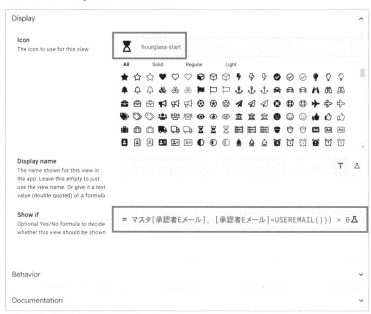

10-6　休暇申請View

　「休暇申請」を入力するViewを作成します。AppSheet Editorのペインメニュー[UX]⇒[Views]⇒[＋New View]⇒ 新規作成画面で表10-5のように入力してください（図10-13～図10-15）。記載のない項目は初期値のままにしてください。

○表10-5：【View】休暇申請

設定箇所	設定値
[View name]	休暇申請
[For this data]	休暇申請
[View type]	form
[Position]	left
[Finish View]	My申請状況
[Icon]	⏏ （file-import）

◯図10-13：休暇申請 (1)

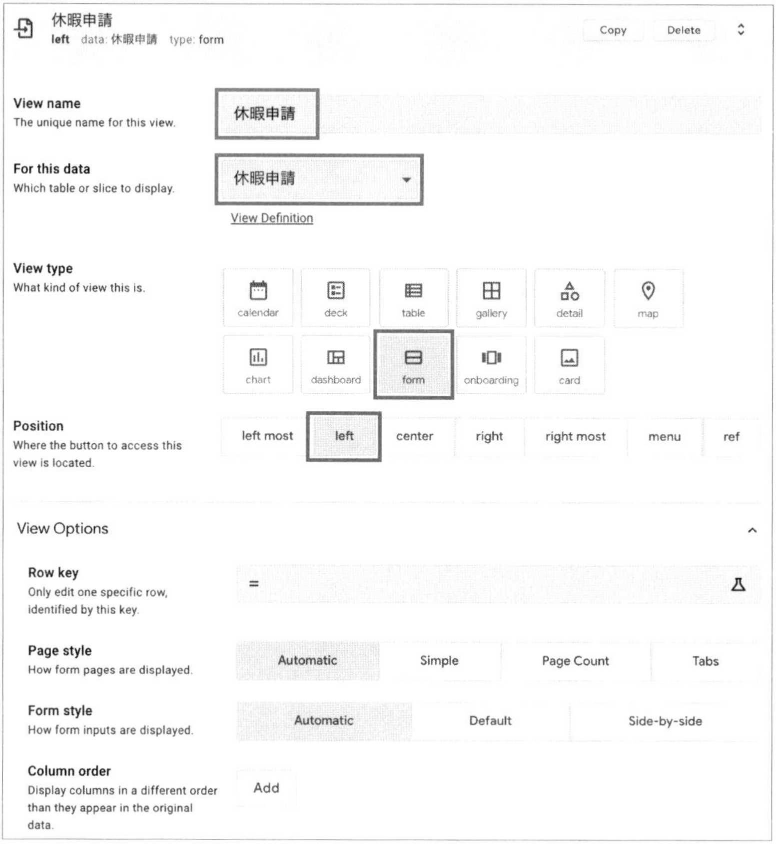
休暇申請
left data: 休暇申請 type: form
Copy
Delete
View name
The unique name for this view.
休暇申請
For this data
Which table or slice to display.
休暇申請
View Definition
View type
What kind of view this is.
calendar
deck
table
gallery
detail
map
chart
dashboard
form
onboarding
card
Position
Where the button to access this view is located.
left most
left
center
right
right most
menu
ref
View Options
Row key
Only edit one specific row, identified by this key.
=
Page style
How form pages are displayed.
Automatic
Simple
Page Count
Tabs
Form style
How form inputs are displayed.
Automatic
Default
Side-by-side
Column order
Display columns in a different order than they appear in the original data.
Add

○図 10-14：休暇申請 (2)

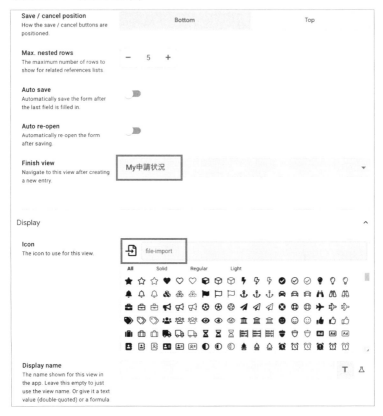

○図 10-15：休暇申請 (3)

10-7 全有給休暇申請View

　アプリの管理者となる人事部向けのViewで休暇申請の全データを表示させる
画面です。表10-6のように作成してください（図10-16〜図10-18）。[Position]
に「Menu」を指定すると、アプリの左上に表示されている三本線のアイコンをク
リックしたときにリストとしてViewの名称が表示され、クリックすると画面を
表示できます。

　[Show if]はユーザーが人事部所属かどうかを判断するために次のExpression
を入力します。

```
ANY(SELECT (社員名簿[部署],[Eメール]=USEREMAIL())) = "人事部"
```

　この式は「社員名簿のEメールアドレスと現在ログインしているEメールアド
レスが等しいレコードの部署が人事部と等しい」という意味です。つまり自分が
人事部所属の社員であるかどうかを判断しています。自分が人事部所属社員で
あれば全有給休暇申請Viewはメニューに表示されますが、一般社員ですと表示
されません。

○表10-6：【View】全有給休暇申請

設定箇所	設定値
[View name]	全有給休暇申請
[For this data]	休暇申請
[View type]	table
[Position]	menu
[Sort by]	申請日／Accending
[Group by]	社員番号／Accending
[Group aggregate]	COUNT
[Column order]	・申請日
	・ステータス
	・社員番号
	・部署
	・休暇開始日
	・休暇終了日
	・休暇日数
	・承認者
[Column width]	Narrow
[Icon]	📖（map）
[Show if]	ANY(SELECT（社員名簿[部署]，[Eメール]=USEREMAIL())) = "人事部"
[Event Actions]	Row Selected：Auto

○図10-16：全有給休暇申請 (1)

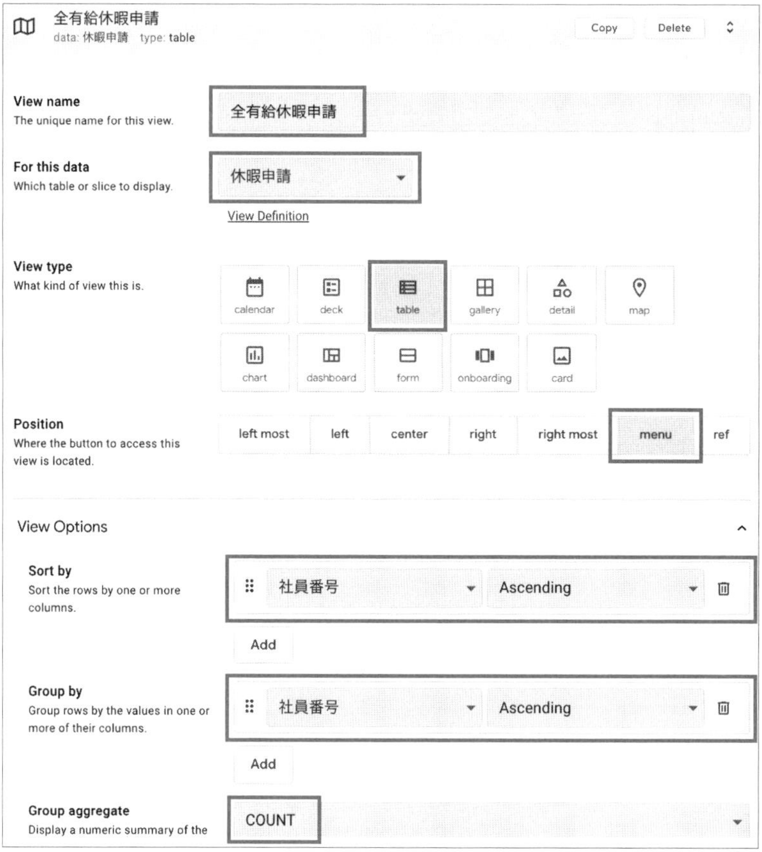

○図10-17：全有給休暇申請 (2)

○図10-18：全有給休暇申請 (3)

10-8　有給休暇マスタView

　有給休暇マスタViewは、AppSheetから「有給休暇マスタ」スプレッドシートを読み込んだときに、AppSheetが自動的に作成しているViewです。AppSheet Editorのペインメニュー[UX]⇒[Views]⇒「有給休暇マスタ」を開き、表10-7のように入力してください（図10-19〜図10-21）。

　[Show if]はユーザーが人事部所属かどうかを判断するために次のExpressionを入力します。全有給休暇申請View（表10-6）と同じ式です。

```
ANY(SELECT（社員名簿[部署],[Eメール]=USEREMAIL())) = "人事部"
```

○表10-7：【View】有給休暇マスタ

設定箇所	設定値
[View name]	有給休暇マスタ
[For this data]	有給休暇マスタ
[View type]	table
[Position]	menu
[Sort by]	社員番号／ Accending
[Group by]	部署／ Accending
[Group aggregate]	COUNT
[Column order]	・社員番号
	・部署
	・有給休暇日数
	・取得日数
	・残日数
	・承認者
[Icon]	≔（list-ul）
[Show if]	ANY(SELECT（社員名簿[部署],[Eメール]=USEREMAIL())) = "人事部"
[Event Actions]	Row Selected：Edit

○図10-19：有給休暇マスタ（1）

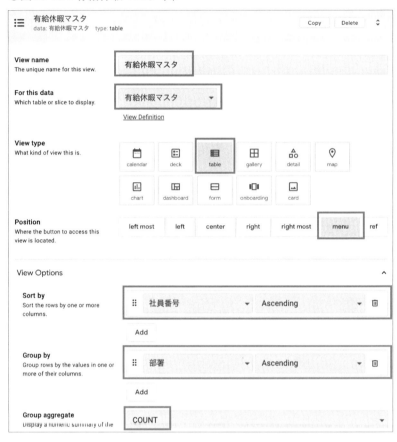

○図10-20：有給休暇マスタ(2)

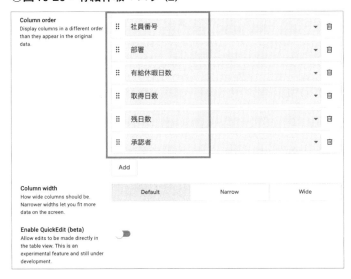

○図10-21：有給休暇マスタ(3)

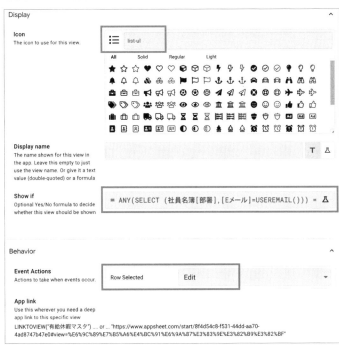

10-9　My申請受付_Detail View

　My申請受付_Detail Viewは、My申請受付Sliceを作成した際に、AppSheet が自動的に作成したSystem Viewです。AppSheet Editorのペインメニュー［UX］⇒［Views］⇒（画面の一番下の）［Show system view］⇒「My申請受付_Detail」を クリックして開きます。

　修正箇所は表10-8のとおりです。［Quick edit columns］で「コメント」を指定 することで、承認者が申請受付時にコメント欄だけに入力できるようになりま す。その他の項目は初期値のままにしてください。

　以上でViewの設定も完了しました。最後に自動的にメール通知する機能を実 装してみましょう。

◯表10-8：【View】My申請受付_Detail

設定箇所	設定値
［View name］	My申請受付_Detail
［Quick edit columns］	コメント

◯図10-22：My申請受付_Detail

10-10　BOTでメール通知機能を実装する

　AppSheetのBOT^{ボット}[注1]とは、特定の事象をトリガー[注2]としてあらかじめ設定した処理を自動的にAppSheetに行わせる機能のことを言います。

　休暇申請アプリでは、BOT機能を使って2つの処理を行います。

- 休暇申請が申請されたら"承認者"にその旨を通知する
- 休暇申請が承認（または却下）されたら"申請者"にその旨を通知する

休暇申請が申請されたら"承認者"にその旨を通知する

　AppSheet Editorのペインメニュー[Automation]⇒[Bots]タブ⇒[＋New BOT]をクリックすると（図10-23）、[Bot Name]フィールドの下にいくつかの[Suggestions]が表示されますが、ここではすべて手動で作成します（図10-24）。

　図10-25のように[Bot name]に「休暇申請処理メール」と入力して[Enter]キー

○図10-23：Automation：Botsタブ

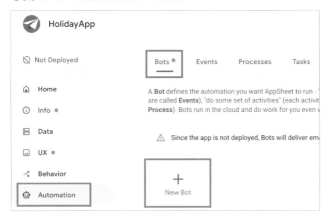

注1）　BOTとは「ロボット（ROBOT）」からきた言葉で、処理を自動化するためのプログラムのことです。
注2）　トリガー（trigger）とは「（銃の）引き金」や「（紛争などの）きっかけ」を意味する英単語です。IT分野では、きっかけになる出来事が発生したら自動的に何らかの処理を起動する仕組みという意味に使われます。

を押すと、BOT設定画面（図10-26）が表示されます。なお、一度入力した［Bot name］やこれから出てくる［Step name］は、名前を表示している部分をクリックすればいつでも修正できます。

○図10-24：Suggestions

○図10-25：Bot nameの入力

○図 10-26：BOT 設定画面 (1)

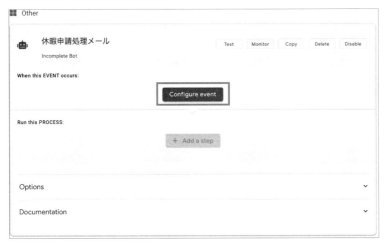

● BOTを起動するための条件

BOTを起動するための条件を作成します。図10-26の[Configure event]をクリックすると、[Event Name]フィールドの下にいくつかの[Suggestions]が表示されるので、[Event Name]に「休暇申請」と入力して[Enter]キーを押します（図10-27）。

○図 10-27：Event name の入力

　図10-28はメインエリアに「休暇申請」というタイルがあり、本来プレビューエリアだった場所が、Eventの詳細を設定する場所になっています。図10-28の右側（Eventの詳細エリア）に表10-9のとおりに入力してください。表10-9と図10-29は「休暇申請レコードがAddまたはUpdateされて、ステータス＝"申請"だったら起動する」というEventの条件設定です。

○図10-28：BOT設定画面（2）

○表10-9：休暇申請Eventの条件設定

項目	設定値
[Event name]	休暇申請
[Event Type]	Data Change
	Adds and updates
[Table]	休暇申請
[Condition]	[ステータス]="申請"

○図10-29：休暇申請Eventの条件設定

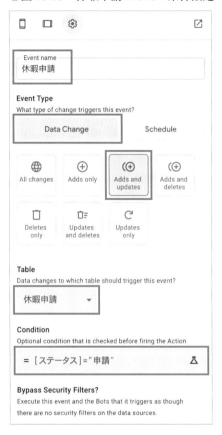

●動作するプロセスの作成

起動条件ができたので、実際に動作するプロセスの作成に入ります。

画面中央の［Add a step］をクリック ⇒［Step Name］に「休暇申請メール」と入力して［Enter］キー（図10-30）⇒「休暇申請メール」のタイルをクリック（図10-31）⇒［Run a task］の選択リストから［Run a task］を選択（図10-32）⇒ 同じタイル内の下のリストから［Create new task］を選択すると（図10-33）、新しい「New Task」タスクとしてプレビューエリアにタスクの詳細設定画面（図10-34）が表示されます。

○図10-30：プロセスの作成 (1)

○図10-31：プロセスの作成 (2)

○図10-32：プロセスの作成 (3)

○図10-33：プロセスの作成 (4)

○図10-34：タスクの詳細設定画面

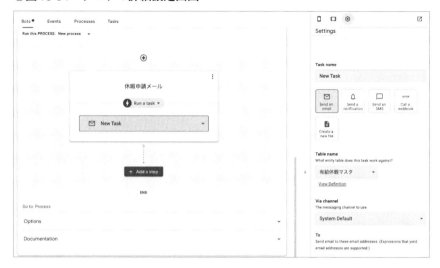

● 承認者にEメールを送信するタスクの作成

　図10-34の右側のタスク詳細に、承認者へEメールを送信するためのタスクを作成します。既存値も含めて表10-10のとおりに入力してください（図10-35）。Eメールのタイトルと本文は日本語で記述しています。[To]には「承認者Eメール」を設定していますが、アプリがデプロイされないかぎり、メールはアプリ作成者のメールアドレスにしか送信されません。

　表10-10以外にも設定項目はたくさんありますが、ここでは使用しないのでそのままにしておいてください。

○表10-10：承認者にEメールを送信するタスクの設定

項目	設定値
[Task name]	休暇申請メール送信
[Table name]	休暇申請
[Via channel]	System Default（何も設定しない）
[To] ⇒ ［フラスコ］マーク	［承認者Eメール］
[Use default content？]	OFF
[Email Content] ⇒ ［Email Subject］	休暇申請通知 <<［申請者氏名］>>
[Email Content] ⇒ ［Email body］	以下の休暇申請が提出されました。 速やかに承認処理を行ってください。 申請日：<<［申請日］>> 社員番号：<<［社員番号］>> 申請者氏名：<<［申請者氏名］>> 部署：<<［部署］>> 休暇開始日：<<［休暇開始日］>> 休暇終了日：<<［休暇終了日］>> 休暇日数］：<<［休暇日数］>> 休暇理由：<<［休暇理由］>> 以下をクリックしてシステムへ <<_ROW_WEB_LINK>>

○図10-35：承認者にEメールを送信するタスクの設定

休暇申請が承認（または却下）されたら"申請者"にその旨を通知する

● 承認（または却下）になるまで待つタスクの作成

先ほど作成した「休暇申請メール」ステップの次に、新しいステップを追加していきます。［Add a step］⇒［Step name］に「承認まで待つ」と入力 ⇒［Run a task］をクリック（図10-36）⇒ 処理のリストから［Wait］を選択すると、条件を設定する画面（図10-37）が表示されるので、表10-11のとおり入力してください。

○図10-36：新しいステップの追加

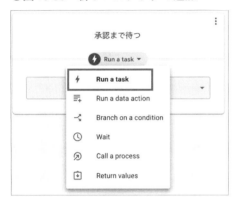

○図10-37：条件を設定する画面

○表10-11：承認（または却下）になるまで待つステップ

項目	設定値
[Wait for]	A condition
[Condition]	OR（[ステータス]="承認",[ステータス]="却下"）
[Custom timeout]	OFF

　追加したステップの意味は「休暇申請のステータスが承認（または却下）になるまで待つ」というものです。BOTのステップは上から下へ順次処理されるので、BOTはこの条件になるまで一旦停止します。

●申請者にEメールを送信するタスクの作成

　次に申請者にEメールを送信するためのステップを作成します。

　[Add a step]をクリックして、[Step Name]に「休暇申請結果通知」と入力して[Enter]キーを押します（図10-38）。「休暇申請結果通知」ステップが作成されるので、[Run a task]を選択してタスク設定画面を表示します。

○図10-38：ステップの追加

　タスク設定画面の右側（詳細設定エリア）で申請者へEメールを送信するためのタスクを作成します。既存値も含めて表10-12のとおり入力してください（図10-39）。Eメールのタイトルと本文は日本語で記述しています。なお、アプリがデプロイされないかぎり、メールはアプリ作成者のメールアドレスにしか送信されません。

○表10-12：申請者にＥメールを送信するタスクの設定

項目	設定値
[Task name]	休暇申請結果メール送信
[Table name]	休暇申請
[Via channel]	System Default（何も設定しない）
[To] ⇒ ［フラスコ］マーク	［申請者Ｅメール］
[Use default content ?]	OFF
[Email Content] ⇒ [Email Subject]	休暇申請結果通知 <<［ステータス］>>
[Email Content] ⇒ [Email body]	以下の休暇申請が <<［ステータス］>> されました。 速やかに内容を確認してください。 申請日：<<［申請日］>> 社員番号：<<［社員番号］>> 申請者氏名：<<［申請者氏名］>> 部署：<<［部署］>> 休暇開始日：<<［休暇開始日］>> 休暇終了日：<<［休暇終了日］>> 休暇日数：<<［休暇日数］>> 休暇理由：<<［休暇理由］>> ステータス：<<ステータス>> コメント：<<コメント>> 以下をクリックしてシステムへ <<_ROW_WEB_LINK>>

○図10-39：タスク設定画面

　以上の設定が終わったら［Save］して完了です。BOTを使用したメール通知機能が実装できました（図10-40）。

○図10-40：【BOT】休暇申請処理メール

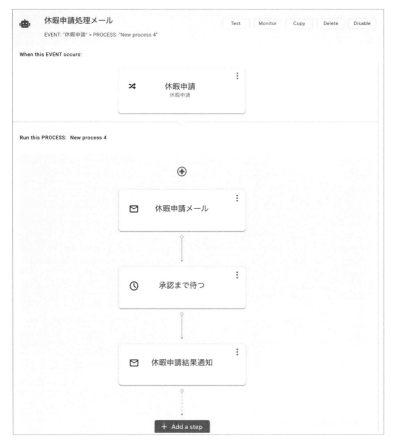

送信されるメール

　休暇申請が作成されると、BOTの動作により図10-41のようなメールが承認者へ送信されます。申請が承認(または却下)されると、図10-42のようなメールが申請者へ送信されます。

　メッセージ本文冒頭の英文は、アプリをデプロイしたあとに本来送信される宛先のメールアドレスが示されたものとなります。このメッセージを確認し適切な相手にメールが送信できるかを確認します。また、メッセージ末尾の[Click Here]をクリックすると、アプリの承認画面にアクセスできます。

◯図10-41：承認者に届くメール（例）

◯図10-42：申請者に届くメール（例）

以上で、休暇申請アプリはBOTによる自動化も含めて完了です。

　プレビュー画面で動作を確認する場合、役割によって動作が変わってくるので、末尾にあるメールアドレス欄を変更しながら試してください。もしも何かエラーが出ていたり、表示や動作が想定と異なる場合は、きっとどこかの設定に誤りがあるはずです。もう一度Chapter 9まで戻って設定に誤りがないか確認してください。

　休暇申請アプリをもっと拡張してみたい方は、申請承認後の変更／取消機能の追加や社員名簿の登録／編集機能との統合などを実装してみるのもよいでしょう。

関数一覧

AppSheetで利用できる関数は次のとおりです。◆はよく利用される関数です。

	関数	説明
テキスト		
◆	CONCATENATE()	テキストの値を合成し、新たなテキスト値を生成する関数です。
	ENCODEURL()	URLでは利用ができないスペシャルキャラクター（「&」「#」「+」「?」「;」「/」など）をURL内で利用できるようにエンコードするための関数です。
	INITIALS()	スペースで区切られた複数のテキストのうち、それぞれの1文字目を返します。
	LEFT()	引数に渡したテキストから指定した数の文字列を左から抜き出します。
	LEN()	テキストの長さ／数を計算して整数として返します。
	LOWER()	ローマ字として送るテキストをすべて小文字にして返します。
	MID()	指定の文字列から任意の位置より、設定した文字数を抜き出きます。関数を組み合わせれば、複雑な文字列の抽出も可能です。MIDはMiddleを意味します。
	RIGHT()	引数に渡したテキストから指定した数の文字列を右から抜き出します。
	SUBSTITUTE()	文字列内の既存のテキストを新しいテキストに置き換えます。
◆	TEXT()	あらゆるタイプのデータ型の値をテキストに変換するほか、指定した表示形式に従って日時の値を指定フォーマット（テキスト）に変換します。
	TRIM()	引数に送るテキストの先頭、もしくは末尾にスペースがある場合に削除します。
	UPPER()	ローマ字として送るテキストをすべて大文字として返します。
日・時間		
	DATE()	Date型の値を返します。
	DATETIME()	DateTime型のデータを返します。
	DAY()	Date、DateTime型の値から日付をNumberで返します。
◆	EOMONTH()	引数にDateまたはDateTimeを渡し、その日付の属する月末日の日付を返します。
	EOWEEK()	引数にDateまたはDateTimeを渡し、その日付の属する週の最終日（土曜日）の日付を返します。
	EWOMONTH()	引数にDateまたはDateTimeを渡し、その日付が属する月の平日（月〜金曜日）の末日（日付）を返します。
	ISOWEEKNUM()	指定された日付のISO週の番号を返します。
	HOUR()	引数にDuration型の値を渡し、時間部分の値を返します。
	MINUTE()	引数にDuration型の値を渡し、分部分の値を返します。
◆	NOW()	NOW()関数が評価された時点の現在日時をDateTime型で返します。引数は取りません。

	関数	説明
	SECOND()	引数にDuration型の値を渡し、秒部分の値を返します。
	TIME()	引数にDate、DateTime、Time型いずれかの値を渡すと時間（HH:MM:SS）部分の値を返します。
	TIMENOW()	Time(NOW())と同じ結果を返します。現在の時刻を取得する関数です。引数は取りません。
	TODAY()	本日の日付を返します。
	TOTALSECONDS()	引数に期間（Duration型の値）を渡すと、期間の総計を秒数で返します。
◆	TOTALHOURS()	引数に期間（Duration型の値）を渡すと、期間の総計を時間数で返します。
	TOTALMINUTES()	引数に期間（Duration型の値）を渡すと、期間の総計を分数で返します。
	UTCNOW()	世界標準時の日時の値を返します。
	WEEKDAY()	日付を引数として渡すと、その曜日を1から7の数字で返します。
	WORKDAY()	第1引数に日付の値を渡し、第2引数に数字を指定すると指定した日数後の営業日（土日を除く）の日付を返します。
	YEAR()	引数にDateまたはDateTimeを渡すとその日付から年の値を取得して返します。
YES/NO		
◆	AND()	引数のTrue/Falseのいずれかを返す条件式を指定します。複数の条件を引数として指定し、すべての条件がTrueとなる場合、Trueを返します。
	CONTAINS()	第2引数に指定したテキストが第1引数に指定するテキストの値に含まれる場合、Trueを返します。
	ENDSWITH()	検査対象のテキストが任意のテキストで終わるか否かを検査します。
◆	IN()	第1引数にテキスト、第2引数にリストを指定します。第1引数の値がリストに含まれている場合、Trueを返します。
◆	ISNOTBLANK()	引数に渡す値やカラムがブランクか否かを検証し、ブランクであればTrue、値が存在すればFalseを返します。ISBLANK()の逆構文です。
◆	ISBLANK()	引数に渡す値やカラムがブランクか否かを検証し、ブランクであればFalse、値が存在すればTrueを返します。ISNOTBLANK()の逆構文です。
◆	NOT()	引数に渡す条件式がTrueを返す場合、Falseを返します。条件式がFalseを返す場合、Trueを返します。
◆	OR()	複数の引数を渡します。それぞれの引数はTrue/Falseを返す条件式で、いずれかの引数が1つでもTrueを返す場合、関数はTrueを返します。
	STARTSWITH()	検査対象のテキストが任意のテキストで始まるか否かを検査します。
条件		
◆	IF()	第1引数にTrue/Falseを返す条件式を指定します。第2引数に条件式がTrueである場合の戻り値を指定し、Falseである場合の戻り値を第3引数に指定します。
◆	IFS()	第1引数にTrue/Falseを返す条件式を指定します。第2引数に条件式がTrueである場合の戻り値を指定し、以降の第3、第4引数も同様にIF条件を複数連結します。
◆	SWITCH()	IFSの同等構文で、複数の条件式と戻り値を指定します。

	関数	説明
計算		
	ABS()	引数として渡した数値の絶対値を返す関数です。
	AVERAGE()	引数として渡したリスト型の数値の平均値を返す関数です。
	CEILING()	数値を小数点以下第一位で切り上げます。
	COUNT()	引数として渡すリスト型データの個数を返します。重複値がある場合もカウントします。
	DECIMAL()	小数点型のデータとして返します。
	FIND()	検索対象のテキストから検索ワードの有無を判別し、存在する場合は開始する位置を整数で返します。
	FLOOR()	小数点以下を切り捨て整数値を返します。
	LN()	引数として渡した数値の対数を返す関数です。
	LOG()	数値の対数を返します。
	LOG2()	基数を2とする引数の対数を求めます。
	LOG10()	基数を10とする引数の対数を求めます。
◆	MAX()	引数として渡した数値の最大値を返す関数です。
◆	MAXROW()	指定のカラムの最大値を含むROWのKEYの値を返します。ROW()に似た関数ですが挙動は大きく異なります。
◆	MIN()	引数として渡した数値の最小値を返す関数です。
◆	MINROW()	指定のカラムの最小値を含むROWのKEYの値を返します。ROW()に似た関数ですが挙動は大きく異なります。
	MOD()	割り算の結果の余りの返します。
	NUMBER()	整数値を返します。
	POWER()	べき乗を計算します。
	RANDBETWEEN()	指定の範囲内にある数値からランダムに任意の1つの数値を返します。
	ROUND()	小数点第一位を四捨五入します。
	SQRT()	引数に渡す数値の平方根を計算します。
	STDEVP()	引数に渡す数値のリストから標準偏差を計算します。
	SUM()	引数に数字・少数のリストを渡し、その合計を計算します。
リストと集計		
	EXTRACT()	指定のデータタイプに一致する値をテキストから抜き出し、リスト型の値として返します。
	EXTRACTCHOICE()	テキストの中にあるYes/NoもしくはTrue/Falseの中から最初に位置するYes/No、True/Falseの値を返します。
	EXTRACTDATES()	テキストの中に含まれる日付の値をリストとして抜き出します。
	EXTRACTDATETIMES()	テキストの中に含まれる日時の値を取得し、リストとして返します。
	EXTRACTDOMAINS()	テキストから@を含むドメインを抜き出します。
	EXTRACTDURATIONS()	テキストの中から期間の値を検索し、リストとして返します。

Chapter1
Chapter2
Chapter3
Chapter4
Chapter5
Chapter6
Chapter7
Chapter8
Chapter9
Chapter10

	関数	説明
	EXTRACTEMAILS()	テキストの中からメールアドレスを抜き出し、リストとして返します。
	EXTRACTHASHTAGS()	任意のテキストからハッシュタグをリストとして抜き出します。
	EXTRACTMENTIONS()	任意のテキストからメンション（@名前）の値をリストとして抜き出します。
	EXTRACTNUMBERS()	任意のテキストに含まれる整数・少数の値をリストとして抜き出します。
	EXTRACTPHONENUMBERS()	任意のテキストから電話番号をリストとして抜き出します。
	EXTRACTPRICES()	任意のテキストから価格を抜き出しリスト表示します。この場合の「価格」とは、通貨記号（「$」「£」「¥」など）が前に付いた数値です。
	EXTRACTTIMES()	特定の時間、散文で書かれた時間、および「明日の午後3時」「今から1時間後」などの相対的な時間が含まれる任意のテキストから時間の値を抽出します。
◆	FILTER()	指定のテーブル、スライスから条件に合致するレコードをリストとして取得します。
◆	INTERSECT()	2つの異なるリストで共通するアイテム（値が完全に一致するアイテム）をリストとして返します。
◆	LIST()	引数を複数指定するとリスト型に変換します。
◆	ORDERBY()	第1引数にテーブル・スライスのKeyカラムの値をリストとして渡し、第2引数以降で指定する条件で、Key値を並べ替えます。
◆	REF_ROWS()	REFのカラムを設定すると参照先の親テーブルに生成されるリスト型のVirtual Columnに設定される関数です。Selectの同等構文です。
◆	SELECT()	リストを動的に生成します。
◆	SORT()	引数にリストを渡し、昇順、降順に並べ替えます。
◆	SPLIT()	SPLIT()関数は、指定の文字でデータ（テキスト）を分割し、リスト型の値として返します。それぞれの値がカンマで区切られたテキストを、カンマで分解し、リストタイプに変換します。
◆	TOP()	任意の長さのリスト（任意のアイテム数からなるリスト型の値）から最初のN個の値を抜き出して返します。
◆	UNIQUE()	関数に渡すリストの値のうち、重複するものが含まれている場合、重複のないリストに変換して返します。
OTHERS		
	{"値1","値2","値3","値4","値5"}	手動でリストの値を構成する場合の構文の1つです。
◆	ANY()	引数に渡すリストの最前列のポジションにある値を返します。
◆	CONTEXT()	引数に送る値を変えることで関数の戻り値が変わります。Viewの名称、タイプを動的に求めたり、アプリが動いているデバイスの種類を値として返したり多彩な関数で、アプリの挙動を制御する場面で多用されます。
	DISTANCE()	異なる2つの位置情報（Latlong値）間の直線距離を計算します。
	GETX()	XY型のカラムからXの値を取り出します。
	GETY()	XY型のカラムからYの値を取り出します。
◆	HERE()	関数が評価された時点のユーザーの位置情報を取得して記録します。

	関数	説明
◆	INDEX()	引数に渡すリスト型の値から指定のポジション（INDEX）にある値を返します。
	LAT()	Latlong型の値からLATを抜き出します。
◆	LATLONG()	アップシートで位置情報の1つとして扱える緯度経度を返します。アプリから位置情報を捕捉する際に利用するHERE()関数が返す値・型です。
	LONG()	Latlong型の値からLONGを抜き出します。
◆	LOOKUP()	テーブルまたはスライスにあるすべての行から指定の条件と一致する行にあるカラムの値を取得します。条件を満たす行が複数ある場合は、任意の1つの行から指定のカラム値を返します。
◆	OCRTEXT()	Imageタイプのカラム（写真）からその画像の中にあるテキスト値を抽出します。
	SNAPSHOT()	特定のアプリのビューのを画像として取得し、その画像をワークフローの保存ファイルまたは電子メールに埋め込み、生成されたドキュメントに画像として配置します。Automation Templateで利用できます。
	TEXT_ICON()	引数に渡したテキストを受け取り、そのテキストを灰色の正方形または円系の画像を返します。 結果のデータ型はサムネイルまたは画像のいずれかになり、アプリで画像として表示されます。
◆	USEREMAIL()	アプリにログインしているユーザーのメールアドレスを取得します。
◆	USERSETTINGS()	引数にUsersettingsのカラム名に指定した名称をテキストで渡すと、そのUsersettingsの値を取得します。
	USERROLE()	アプリのユーザーの登録画面で設定したRoleを取得します。
◆	UNIQUEID()	8桁の英語・数字からなる乱数を発生させてテキストとして返します。テーブルのkeyカラムのInitial valueに指定するのが一般的です。
◆	[_THIS]	カラム設定の各項目で利用され、その関数が入力されたカラムの値を返します。
◆	[_THISROW]	カラム設定の各項目で利用され、その関数が入力されたカラムの値が属する行（Row）のKeyカラムの値を返します。
DEEPLINK		
	LINKTOAPP()	App型カラムのExpressionとして指定すると、引数で指定したアプリを開きます。
	LINKTOVIEW()	App型カラムのExpressionとして指定すると、引数で指定した名称のVIEWに推移します。
	LINKTOROW()	App型カラムのExpressionとして指定すると、引数で指定したレコードの値を持つ指定のViewに推移します。
	LINKTOFORM()	App型カラムのExpressionとして指定すると、引数で指定したForm Viewを新規に開き、同じく引数に指定した値を対象のカラムにセットします。
	LINKTOFILTEREDVIEW()	App型カラムのExpressionとして指定すると、リスト型Viewに推移し、引数で指定する条件でレコードをフィルタします。
	LINKTOPARENT()	App型カラムのExpressionとして指定すると、推移前のViewに戻るリンクを生成します。

おわりに

　実際にサンプルアプリを作成して、ここをお読みになっているみなさん、お疲れさまでした。いろいろな感想を持たれたことでしょう。

　なんだノーコードとか言っても結構難しい式とか書かなければならないじゃないか！
プログラミングの知識がなくてもこんなに簡単にアプリが作れるんだ！
サンプルアプリをちょっと変更すればアレに使えるんじゃないか！

　などなど、みなさんの立場や期待度によってさまざまだったことと思います。

　本書で取り上げた3つのアプリは、紙面の都合で実装できなかった機能があったり、説明しきれない部分はたくさんありました。しかしどのアプリも今後応用が効くものです。

　社員名簿アプリは顧客マスタや商品マスタなどに容易に改変できます。

　Googleフォームと連携させたカンバン式問い合わせ管理アプリは、社内からの申請や問い合わせ対応業務にも利用できますし、さらには営業のリード管理やプロジェクト管理、タスク管理などさまざまな用途での応用や発展も容易でしょう。

　休暇申請アプリは休暇のみならず、他の申請業務への展開も可能です。ITのサポート申請や貸出申請、社内にはさまざまな申請業務が散在していますが、これらの業務をAppSheetアプリを使って一度にデジタル化することも夢ではありません。

　また、本書には掲載できませんでしたが、「入退場記録アプリ」も作成しています。QRコード読み取りと位置情報の取得、Googleマップとの連携機能を使ったアプリです。AppSheetを使えばこれらの機能を驚くほど簡単に実装できることをどうしてもお伝えしたいと思い、作成手順は本書のサポートサイトで公開しています。ご興味のある方はご覧ください。

　アイデアからアプリを作成するAppSheetの特性を利用して、本書で説明したアプリ構築のノウハウやアイデアをベースに、ぜひみなさんの業務に役立つアプリを作成して展開してください。

2021年12月

著者・監修者一同

著者・監修者の紹介

●守屋 利之(もりや としゆき)

1961年生。コールセンターアウトソーサーのシステム部門に在籍し、20年以上、音声系システムやCRMシステムの開発・保守運用に携わる。その後大手TV通販会社のシステム部門に勤務し、音声系システムと受注システムの保守運用、新音声系システムの導入を担当。またその間タイのTV通販子会社へ5年間出向し、ほぼ一人情シスとして社内のすべてのシステムの構築・保守運用を行うこととなり、微笑みの国で地獄を経験する。2021年に定年退職し、現在はシステム関連の執筆活動や趣味のDIYにいそしむ。

●辻 浩一(つじ こういち)

1974年生。新卒から長く大手海運会社に勤務。2017年に退職後、Vendola Solutions LLCを立ち上げアプリ開発を含むデータの効率的な管理を支援すべくコンサルティング活動を続ける中、AppSheetと出会う。AppSheetの黎明期からオフィシャルパートナーに。「AppSheetに不可能はない」がモットー。プログラミング関係の実務経験がない「市民開発者の代表」を自負し、無限の可能性を秘めたAppSheetの普及活動に邁進し、「No-Codeで出来ること」の限界突破に挑戦中。

●宮井 拓也(みやい たくや)

1975年生。Web制作会社、パッケージベンダーを経て、Salesforceインテグレーターにて長く業務システムの開発に従事。AppSheetによってノーコード開発の革命が起きると直感したことから、2021年よりVendola Solutionsに参画。地方在住歴も長いため、中堅中小企業でのシステム化推進の壁の高さを認識しており、AppSheetとGoogle Workspaceを活用したワクワクするDXを日本全国に広めるべく鋭意活動中。

● Vendola Solutions LLC

GoogleによるAppSheetの買収以前より同社のオフィシャルパートナーとして、AppSheetによるアプリ開発、導入支援といったフルサービスを提供。2022年よりGoogleのパートナー資格を取得し、さらなるAppSheetの普及を目指し、その一環としてAppSheetの学習サイトとコミュニティーサポートを提供する「AppSheet DOJO」（URL https://www.appsheetdojo.com/）を立ち上げ運営中。AppSheetに関わる「正しい情報」の発信とアプリ開発の主体となる市民開発者様支援を今後も強化していく。

●装丁　　　　　　　　森裕昌
●本文デザイン＆DTP　朝日メディアインターナショナル株式会社
●編集　　　　　　　　取口敏憲

■お問い合わせについて
　本書に関するご質問は、本書に記載されている内容に関するもののみとさせていただきます。本書の内容と関係のないご質問につきましては、いっさいお答えできませんので、あらかじめご了承ください。また、電話でのご質問は受け付けておりませんので、本書サポートページを経由していただくか、FAX・書面にてお送りください。

＜問い合わせ先＞
●本書サポートページ
　https://gihyo.jp/book/2022/978-4-297-12574-5
　本書記載の情報の修正・訂正・補足などは当該Webページで行います。

●FAX・書面でのお送り先
　〒162-0846　東京都新宿区市谷左内町21-13
　株式会社技術評論社　第5編集部
　「Google Workspaceではじめるノーコード開発［活用］入門」係
　FAX：03-3513-6173

　なお、ご質問の際には、書名と該当ページ、返信先を明記してくださいますよう、お願いいたします。
　お送りいただいたご質問には、できる限り迅速にお答えできるよう努力いたしておりますが、場合によってはお答えするまでに時間がかかることがあります。また、回答の期日をご指定なさっても、ご希望にお応えできるとは限りません。あらかじめご了承くださいますよう、お願いいたします。

Google Workspaceではじめるノーコード開発［活用］入門
——AppSheetによる現場で使えるアプリ開発と自動化

2022年2月18日　初版　第1刷発行
2024年1月10日　初版　第2刷発行

著　者　　守屋利之
監　修　　辻　浩一、宮井拓也

発行者　　片岡　巌
発行所　　株式会社技術評論社
　　　　　東京都新宿区市谷左内町21-13
　　　　　TEL：03-3513-6150（販売促進部）
　　　　　TEL：03-3513-6177（第5編集部）
印刷／製本　日経印刷株式会社

定価はカバーに表示してあります。

ISBN978-4-297-12574-5　C3055

Printed in Japan